KNOW HOW

CAPITAL THINKING

知本思维

资本之道在于认知

王悦蘅◎著

2021年·北京

图书在版编目(CIP)数据

知本思维：资本之道在于认知 / 王悦蘅著 . -- 北京：当代中国出版社，2021.1
ISBN 978-7-5154-1021-0

Ⅰ . ①知… Ⅱ . ①王… Ⅲ . ①成功心理—通俗读物 Ⅳ . ① B848.4-49

中国版本图书馆 CIP 数据核字（2020）第 039163 号

出 版 人　曹宏举
策划支持　华夏智库 · 张　杰
责任编辑　陈　莎
责任校对　康　莹
出版统筹　周海霞
封面设计　回归线视觉传达
出版发行　当代中国出版社
地　　址　北京市地安门西大街旌勇里 8 号
网　　址　http://www.ddzg.net　邮箱：ddzgcbs@sina.com
邮政编码　100009
编 辑 部　（010）66572264　66572154　66572132　66572180
市 场 部　（010）66572281　66572161　66572157　83221785
印　　刷　三河市长城印刷有限公司
开　　本　710 毫米 × 1000 毫米　1/16
印　　张　12.75 印张　200 千字
版　　次　2021 年 1 月第 1 版
印　　次　2021 年 1 月第 1 次印刷
定　　价　58.00 元

推荐序一

金牌时代，知本为王，干上三遍得知本，再做教练用资本

个人是属于时代的，幸运或者不幸运，时代趋势都是无法违背的。遵从趋势就是一种智慧。

有幸成长在中国梦时代，40 多年的改革开放进程，从了不起的开创到持续的进程转型；从初级发展到全面腾飞，慨叹这个时代的经济顶层设计和混合包容的发展模式太伟大了。

历史到达一个千年节点，中国的城市化进程、产业升级进程、资产资本化进程不断加速，很多人却处于悲观之中，完全没有意识到全世界最大的机遇就在自己脚下。

媒体不断发文呼唤人才，呼唤人才放开手脚大胆干。中国民营经济的发展又迎来了春天，国家领导人指示要推进民营经济发展。下一个时代，企业家、顶级人才、世界级产业和世界级资本都将在这片热土上进行一个大融合。

各产业集群之间的生态化需要一条新的通道，这是更高维度的产业金融新架构。单点的资源优势虽然很好，但是它不能单独求发展，未来的发展需要融入多层次的生态体系中。

这是一个资本纵横的时代，资本运营看上去风光无限；这也是一个资本状态严峻的时代，很多资本家只会烧钱一招，水没烧开，钱已败光。只有极少数资本家驾轻就熟，只在万事俱备、只欠东风时借东风；只在别人把水烧到 99℃时添柴，结果他一添柴，水就沸腾了；他一出手，春天就来了。

如果说企业只是躯壳，资本才是血液，那么知本就是骨髓。有了知本，企业家可以无中生有，生生不息。但只有资本的话，充其量只能以小博大。资本游荡全球，寻找的就是可以放大自己的知本。知本固然渴盼资本，希望与资本对接，然而资本更加渴望知本。一定程度上说，知本可以妄动，动静

越大，引发的关注度越大；但资本不能妄动，一动就可能伤筋动骨。资本只有与知本结合，才符合资本的逻辑。

问题是，知本从哪里来？它不单纯从书本上来，也不单纯从经历中来，而是知行合一的产物。“干上三遍得知本，再做教练用资本”，这是“大侠”（王悦蘅）的原话，粗粝、平浅，但一句顶一万句。作为他的老朋友，这些年来，恐怕没几个人比我更清楚他遭受过多少历练和挫折，也没有几个人能像我这样为他曾经取得的成就和现在获得的勋章而欣喜，但他骨子里始终如一，不管现状如何，他眼中有未来；不管未来如何，他负责做好现在。他不断学习，不断实践，最终形成了独特的生命体验，也就是他的知本。古人有“仙人指路”一说，“大侠”的身份已练就了他的“金手指”，这些年来他帮助过的人、改变过的企业不胜枚举。更重要的是，他创立了一个体系，通过有效传播，越来越多的人会在未来接受并实践他的思维方法，也会让更多的人和企业从中获益。

一个人的学习能力是有限的，时间和精力也有限，“大侠”倡导将经营智慧集成在一起，建立一个多要素的集群型平台，别人的经验可以拿来即用，将知本模式和资本模式叠加，构建一个更加符合未来产业方向的大生态圈。

最后要说的是，如果说资本是炸药，可以在一瞬间为一个人、一个企业开辟一个新局面，那么知本就是可控的导火索，同时具备这两者的人，就是最适合点火的那个人。马云就是点火的那个人，“大侠”也是，他的这本书已点燃了我的知本思维之火。他在企业经营与投融资方面有很多理论创新，这些都是实战型的经验和探索模式经验，经过 7 年时间进行往复式实验后，回到中小企业，用知本思维来推动中小企业将资产转化为资本，挖掘资本潜能，参与更大的社会化协同中，从而让价值提升十倍、百倍，然后重新配置资产，创造资本奇迹。本书适合所有创业者以及投资者阅读并实践。

中国品牌管理研究中心主席

推荐序二

探索型领导力

行业内对“大侠”的认可与赞誉已经很多，我想从专业角度谈谈他在探索型领导力方面的一些创见。

领导力就是引领力。但具体怎么引领，人们的理解可能存在偏颇。比如很多人说：“带队伍就是带氛围。”这没错，但光营造氛围还不够，比如只站在人群中或待在温室里喊冲啊杀啊，队伍的战斗力是有限的。古人说得好，要“身先士卒”，柳传志先生也说，“喊破嗓子，不如做出样子”。

光身先士卒就可以了吗？还不够。如果主帅的作用就是引领，那找个向导也行，何必非要亲自上阵呢？战斗毕竟不是旅游，领导力的关键词未必就是“领导”，而是着重一个“力”字。要么力猛刀沉，要么力劈华山，再不济也要练就自己的三板斧，一上场，至少要把对方镇住，才能在打击敌方士气的同时，大涨自家威风。此时不消鼓励，麾下也自会冲上去，收割战果。这时你再退下来，喘喘气，喝喝茶，监督一下进展情况即可。

这是一般的理解，“大侠”的阐释令人耳目一新。圈里人都称他为“王大侠”，他也默认大家这么叫他。而他性格气质也像大侠，思维水平则远超武侠小说中的大侠。

在“大侠”看来，往复的经历和探寻未来的勇气才是最重要的。一次做成一件事可能存在偏差，但是经过三次往复实验能够办成一件事情，那就是一种有效的路径和模式了。领导要做“探路的大侠”。领导力是打造剑锋的艺术，而剑锋就是知本。未来是一团迷雾，领导则是用自己的知本剑锋划破迷雾，把大家带到未来的人。在谋篇布局之余，“大侠”必须冲在前面，一招捅破天，然后大家才能各就各位，拔寨攻城。或者不妨来点科幻思维，领导要有打通时光隧道的能力，把人们送入未来，让人们看到、感受到未来，人们才有动力，而打开时光隧道需要非常大的能量。在科幻小说里，一切皆能量，时间是能量，精神是能量，知识是能量也是力量，知本自然更是能量和力量。现实充满了迷幻感，很多东西不是我们能够把握的，但我们可以把握知本，也必须把握知本。领导这把宝剑的剑锋要想不生锈，必须经常性地用知本去打磨。

更多观点，更多智慧，这里不再一一赘述，相信有心的读者能从本书中挖掘出更多的内涵，更好地带队伍、干事业，为自己的生活和生命服务。

张凯森

企业执行教练

自序

苦难让领导者先验[1]，辉煌让跟随者体验

任何在赛事上拿到冠军的人，都经过上千小时以上的刻意练习，并有教练、导师指引，那么关乎我们最实际的梦想实现和创造财富这件事情呢？是不是也需要教练与练习？还是用青春去探索，用我们本该孝顺陪伴父母的时间，本该陪伴孩子家人的时间，去为所谓的梦想探路？大多数人都是这样，每个人的时间精力是一样的，往往有了经验，却没时间再重复验证和教导了，时间太有限了。那么，在有限的时间做什么、怎么做变得尤为关键！

现代历史电视剧《恰同学少年》里面，孔昭绶校长说了一段话，以说明国家和民族图强需要做的最重要的一件事情。孔校长说："乱以尚武平天下，治以修文化人心。以今时今日论，我认为首要大事，当推教育。我中华百年积弱，正因为民智未开，只有大兴教育，才能以新知识、新文化扫除全民族的愚昧和落后。教育人人，则人人得治。人人自治，则社会必良。社会改良，则人才必盛。人才既出，则国势必张。以此而推论，当今之中国，有什么事比教育还大？欲救国强种，有什么手段能比教育还强？所以，读师范，学教育，他日学成，以我之所学，为民智之开启而效绵薄，为民族之振兴而尽一己之力，这不正是诸位经世致用的最佳途径吗？"

孔校长的言谈已过百年，百年教育发展带动了民族复兴，创立世界一流的人力资源体系，中国人在过去40年里创造了一个经济奇迹。中国的民营

①先验：在本书中特指管理者先行一步实践，并总结获得的认知经验，用以指导工作。

企业迎来了又一个春天，新的商业时代已经来临，很多连续奔跑几十年的企业家还停留在早期的商业时代，信奉的是没有经过更迭的知识和技能。自我提升、自我教育成为一个时代的必需。

知本思维的本质在于对价值认知边界的延展。新时代的主流价值是什么，如何去做？如果认知不到，就不能应对挑战。知本思维重在突破人的瓶颈，所以知本思维可助力各个产业实现再次转型腾飞。故此知本思维是当今企业家和有理想的创业青年最应该学习补充的知识技能。

朋友给我贴的标签不少，但最贴切的身份标签还是“知本教练”。在做“教练”的过程中体现自己的领导力，这种领导力的自我修炼，让我成为一个终身自我教育者。

在导师、大师泛滥的年代，“教练”这个词，看上去不如“导师”那么高大上，但它接地气，更具实操意义。以开车为例，你肯定不会找那些空有理论的导师，或者买本书自己琢磨，必须让既有车技又有教授经验的教练，从识别油门与刹车开始，一招一式带着你，一点一滴指导你。你完全掌握开车技术了，他还要在副驾驶座位上陪你一段时间，以免发生突发情况时还没形成条件反射的你无法做出及时且正确的处理。做事模式的培养需要独自努力，但更需要体系性的协同。在武侠小说中，老师父看到一个小孩，说孩子有武学慧根，带走 10 年，就能够变成一等一的高手；孩子如果没有跟着师父走，可能就只是变成一条街上的功夫胜者。

创业与投资也是如此，最初大家都是生手，都没有“牌照”，都是初学乍练，看到机会就想上，上车之后才发现，自己既不太会开车，也不太知道究竟要去向何方。在中国的街道散步，你肯定看到过这种情景：刚刚营业没多久的门店，就挂上了“急转”的牌子。这种现象还非常普遍，以前我也无视它，但后来细想，每一块“急转”牌背后，可能是一个家庭全部身家的血本无归，是一个惨痛的经营败局的惨淡收场。

如果你问一些年轻人，你认为自己现在最缺的是什么？答案通常都是资本，就好像有了资本他马上就能以钱生钱、创业成功似的。其实以钱生钱是很难的事情，不然也就显不出华尔街的高冷了。尽管积攒第一桶金很难，但媒体上几乎隔几天就会爆出一些新闻，当事人通常不是非法集资被骗，就是买了所谓的理财产品，可见积累资本并不是千难万难，真正难的是知本，不然那些人明明已经汇集了起步的资本，为什么没有发扬光大呢？

每一个人都是内在完整的、智慧丰盈和富有创造性的。这并不完全是假设，我给很多人做过教练，而且不仅仅是在资本方面。没错，人是完整的　只有当人遇到问题，尤其是面对那些难以解决的问题时，他们才显得不完整，才需要教练帮他们解决问题。而合格的教练，不仅有行业赋予他的独特的思维、视角与处理问题的方式，他本身也要尽可能地完整。先秦诸子之一的杨朱当年就遭遇过尴尬，他向梁王做自我介绍时表示，治理天下对他来说就是伸伸手那么简单，而且翻手为云，覆手为雨；梁王不以为然，说他一个妻一个妾都管理不好，三亩大的菜园都整治不利索，说什么大话？尽管杨朱接下来又做了一番解释，也姑且算他讲得都对，但梁王的话也是人之常情。同样的道理，如果我现在混得一穷二白，怎么能取信于人，说自己就是最好的知本教练呢？

再举一个真实的例子：我的一个学员，投资蹦极项目，当了3年老板，自己一次都没跳过！后来才在我们的帮助下突破了心理障碍，成为一个敢蹦极的蹦极项目投资人。

经历在先——我一直也是这样要求自己的。在教人学车之前，我自己首先要会开车，并且非常熟练。在带人做项目之前，我自己首先要做过几个类似的项目，并且始终冲在前面，把需要经历的风险先经历一番，把应该做的准备先准备好，再让合伙人进场。刀山，我先上；火海，我先闯。这不是高尚，而是知本教练应该具备的基本素养，就像试药员必须去试药，赛车手必须飙高速，蜘蛛人必须悬挂在半空一样。

神农尝百草才留经典，电影《飞驰人生》里面的男主角，在禁赛5年时间里，还不忘每天模拟开车练习，记住赛道的每个特点，才有二次遇到问题还能夺冠的可能。

全球领导力大家詹姆斯·马奇说过一句话："我们必须认识到领导力的基本问题和人生的基本问题没有什么不同。"领导力是人生的一部分，基于知本运作规律的领导力正是人们探求的价值系统。马奇说："领导力有两个基本的维度：疏通管道和书写诗歌。"

马奇更加推崇的领导力是不再刻意区分领导和管理，我在深刻理解这一观点之后发现自己一直是这样的理论者和实践者，在实践中思考理论，在理论中思考实践。做一个组织的管道工其实就是做一个管理者；做艺术家、诗人，实际上就是在当领导。而二者都基于知本模式。

这些年来，无论是创业、培训还是合作等，我可以说是事事都遵循这种思路。这种思路已经渗入我的潜意识，无处不在。比如，我们游学（带着合伙人边游边学）时，不论到哪个城市，玩也好，吃也好，我都能把大家带到当地最有特色的景点和饭店，过程中还要致广大尽精微。很多人吃惊：你怎么知道这个景点？很多本地人都不知道，知道也是知其然而不知其所以然。你怎么知道这种小吃，而且看起来还很内行？其实我不过是事先做了些准备工作，在带大家奔向未来前，自己曾奔向过未来。

企业运营环境和投资环境日益复杂，领导者面对的未来是难以预测的，因此我们需要在不确定的世界里寻找到最大的确定性。对于打造知本教练体系来说，这绝不是一个人能完成的任务，而是一个领导者群体的智力和体力的良好协同贡献，我希望在我们的企业里做一个典范，每一个人其实都能够做自己领域的先验探索，然后成为组织的教练。也就是说，领导力其实蕴藏在任何人的身上，领导力无处不在。

先天下之忧而忧，后天下之乐而乐。走在前面，才有可能享受领先一步的感觉。走在前面，才不容易被陌生环境所困顿。所以，这些年我不断学习、不断探索，以便在别人讨教时能教人，同时也在不断归零。我深深地知道，相比做别人的教练，更重要的是帮他们找回那个完整强大的自己。可以说，每个人都是一座高山，都有独具的无限风光。我可以走遍现实生活中的千山万水，但如果不够真诚，就始终走不进他们的心田，无法体会其心中丘壑。而走进他们的心，首先要做的是找回自己。

走在使命的路上，我一刻也不敢分心。我深知，知本教练的使命，就是想办法成全或成就那些怀着崇敬之心来求教的人，必须时时刻刻保持敬畏之心，这是最基本的戒律。

王悦蘅

2020 年 5 月

目 录

第一章　资本系统创富理论

第二章　从“资本主义”到知本主义

第三章　知本积累模式

第四章　知本教练

第五章　大规模协同运营

第一章
资本系统创富理论

我们创业也好，投资也罢，或者干点事业、从事某种职业，首先要洞察其中的根本因素。就好比一粒水稻的种子可能会基因突变，长成某种超级稻，但它再怎么突变也不可能变成一棵参天大树，更不可能变成动物。同样地，看一个企业经营得如何，往往是创业之初的那颗种子决定的，种子的DNA，也就是它的遗传密码，注定了它的成败。

人的经历就是捷径

人是一切资源的载体。如果你缺资本，不要去找资本，直接去找人；如果你缺资源，不要去整合资源，直接整合人；如果你缺钱跟资源，不要去直接融资，融完资再融人不如找到会融资的人……人就是捷径，成功的捷径就是跟成功人士产生协同关系。

对于财富的通俗表达，就是贫与富。我是喜欢用通俗语言讲故事的人，很多人都说这个时代是财富和阶层固化的时代。其实这只是表象，我研究的问题是：一个人如何突破阶层。我目前找到的答案就是：拥有知本。

拥有知本的人，在我看来，就是在自己的领域中已经做到极致的人。一个人在有成就之前，需要让自己成为一个有价值的人。凡事做到极致的人，他吸引人过来的过程都是实现人生捷径的过程，都是资源的聚集过程。

世界可以为有准备的人搭桥。

但如何实现跨越，路径显得尤为重要。首先提个小问题：穷人与富人一起吃饭，应该谁买单呢?

按理说富人有钱，穷人没钱，应该富人买单。但其实是穷人更应该买单，那样的话富人会尊敬他，认为他人穷志不穷，只是缺少机会。这时候只要富人想帮穷人，穷人就可以轻松地改变命运。

例如，巴菲特午餐，都是相对而言属于弱势和请教的一方来买单的。2006年，段永平以62万美元拍得一个机会，成为中国第一个和巴菲特共进午餐的人。这位OPPO幕后老板后来拥有了千亿元身价，当然这是靠他自己的努力，但是榜样的力量是无穷的，这顿午餐他觉得值了，因为能够跟投资大师在一起聊天，这本身就是超值的。为这种知本买单的事，大概只有具备战略思维的人才做得出来。

成功人士之所以成功，很多时候不在于他们拥有多少物质，而在于他们精神上同样也很富有。举例来说，现在各大城市都在抢人才，先前很多人挤破脑袋，也很难跨过大城市户口的门槛，而现在只要你符合相应条件，比如大学本科学历，直接就可以落户。如果你只是大专学历怎么办？如果你有一位高端且正派的朋友，他会给你建议："你到某某大学去报个课程，比如考个MBA，这个钱你不用担心，你没有，我可以暂时给你垫上，等你有了再还我，我全力支持你打翻身仗。"读完以后，你的文凭有了，就可能非常顺利地落户了。落户不是最终目的，人们之所以往大城市挤，最重要的是大城市有太多资源。从中国深圳到美国纽约都是如此。

以往，很多人虽然身在资源无限的大城市，但混得并不好。不是他们身边没有资源，而是他们不认识拥有资源的人。有一些人，梦寐以求想办成的事情，比如找份工作，发挥特长，自己踏破铁鞋无觅处"万事俱备，只欠东风"。东风是什么？东风就是别人的资源。别人一个电话就能解决困难，还合理合法，非常正规，那个提供工作岗位的人同时感谢"别人"：有这么好的人才你怎么早不给我推荐？其实，对于企业和个人来说，世界上总有一个人能够帮你解决问题，并且解决的方式比你想象的要容易得多。

古人曾有诗云：时运未来君休笑，太公也作钓鱼人。太公也就是姜子牙，他帮周武王灭了商，还被封为齐国国君，但他青年、壮年都怀才不遇。从怀才不遇到拜相西歧，这中间有一个关键节点，也就是姜子牙的自吟诗所说的："宁在直中取，不向曲中求。不为锦鳞设，只钓王与侯。"姜子牙明白，想成功必须有平台，必须"钓"一个王侯级的关键人物。

人们总说人生无捷径，其实人就是捷径。具体点说，关键人物就是捷径。实际上，人生就那么回事，就连《周易》中也说："见龙在田，利见大人。""大人"就是能改变你命运的人，他可能是君子，也可能是小人，或者具有两面性乃至多面性，浑身亮点，也浑身缺点。人生总会碰见几个"大人物"，总会遇到几个关键节点，抓住了，人生就会变得与众不同。抓住了，"大人物"就是所谓的贵人；抓不住，"大人物"有可能变成你的绊脚石。

成功的捷径就是连接比你强的人——这句"鸡汤"，放在现实里面，我们大抵会说，这个人老是"走狗屎运"，他碰到哪个领导哪个领导就赏识他，到哪儿都有贵人相助，老天都帮他。他生活跃迁、事业跃迁，都是因为有人提携他。这样的话不是没有道理的。那些总是"走狗屎运"的，通常都没有太多的核心能力，不然就不是狗屎运，而是理所当然了。

很多人遇到这种情况只会生气，或者感慨，其实我们要透过现象看本质，看人的本质，或者说人性。举个例子，但凡是个领导，都会不由自主地把身边的人划分为两类，一类是追随者，或者说是伙伴；另一类就是敌人，或者说是对手。通常，领导都是提携一批人，也打压一批人。我们希望所有的人都纯洁些，所有的事都纯粹些，这是美好愿望，我们也应该纯洁、纯粹，但我们至少要先懂得保护好自己。

商场也是如此，人生亦概莫能外。你本人很有能力，人品也好，某某领导或者某个重要人物本来应该欣赏你、帮助你、提携你，但他偏偏不是你的贵人，就是打击你，而且不仅仅是针对你——换个人他照样打击。这是一个体系的问题，所以我们思考问题通常比较复杂，远不如外国人那么直接，就连我们意识中的“自我”也与外国人大不相同。外国人说到“自我”时，“自我”就是他自己。而我们中国人的“自我”，是一种依附于人伦关系的“自我”，必须不断地根据周围的人调整自我。调整得好，周围人就是你的捷径；调整得不好，他们就是你的关卡。举个非常小的例子：你进一个小区，说两句客气话，明明不可以进，保安可能也会放你进去；但你若鄙视他，明明可以进，他也可以不放你进去。“县官不如现管”，他别的管不了，至少可以把你堵在小区门口。

我要说的显然不只如此，我想要引领人们去实践，不是让大家同流合污，而是在思考人的本质的基础上，构建一个互为贵人、互为捷径的体系。它就像一个发达的高速公路网，每个人都可以在这个体系里找到关键的人，找到相应的捷径，用最少的时间，做最多的事情，产生若干倍的效益。当然，你完全可以不进这个体系，可以按照自己的方式一步步往前走，用青春去践行和探索梦想，你认为自己有的是时间，结果是青春已逝，而梦想越来越远。

越有才华的人往往越有个性，他往往没有时间去研究人情世故，在社会这个大家庭里，也就缺乏了其他应有的技能。创业中最常见的就是技术型创始人对于管理和运营往往特别欠缺，更不要说资本了，从而导致企业乃至个人错过了最佳发展时期。例如，当初马云如果不是遇到蔡宗信，摩拜单车胡玮炜没有请来李斌，后果大家也可以想象出来。所以今天要做的不是去如何练习需要的技能，而是找到可以协作一体的互补性技能或者人才，这是提前实现梦想的关键。

人生路上绝不可以孤独地直线前进，必须时不时借助外部世界的友好力量，并肩前行。借助得多了，你自己的捷径体系也就构建起来了。你想投资，马上可以打电话给投资大咖；你想创业，很快就能融到资金；你缺人才，人才会主动找上门来；你想旅游，也有几个玩得不错的朋友。人生如此，夫复何求?

资本知本双螺旋理论

恰如读书，不仅有益，而且有乐。世界上从来不存在纯粹的精神与物质。资本与知本，就好像DNA与RNA，构成了我们的生命基因，始终伴随着我们。它们就像一组螺旋，成功者的螺旋向上，失败者的螺旋向下。一个人面面俱到，也不现实，重要的是求得二者的平衡。资本强劲的，要善于用资本推动自己的知本，而不是附庸风雅；知本富足的，要懂得用知本撬动资本杠杆，而不是做“两脚书橱”。

人就是你的捷径，但仅有人还不够。这就好比人必须有两条腿才能正常行走。想把“人”这条捷径走好、走远、走宽阔，走成一条通天大道，还需要资本与知本这两条腿，或者说是两个车轮齐头并进。

我在做企业教练的过程中，提出了一个资本知本双螺旋理论。从本质上来说，这是一个微观分析结构和生命系统结构叠加的认知模式。作为一个工具，谁都能够拿来就用。

我们读了无数关于资本和金融模式的书籍，也见证了在实践中各种资本运作的案例，有创投领域的，有上市企业的。在操作这些不同发展阶段的案例时，大学和商学院教的都是工具，用于分析企业的数据。资本市场只看数据，并且将企业数据分成一项一项的财务指标，然后综合这些指标，得出结论。将一个完整的企业尽可能细致地拆分，这种模式十分理性，但也有着巨大的局限性。

资本思维和金融思维的本质，就是在数据基础上发现价值并使用杠杆思维，在大时间尺度上使用复利的力量，或者利用市场反周期的力量。

但是，越是精确的数据，噪声其实也越高。我们在分析资本框架时，越追求精确的数据，越可能进入微观分析领域，而忽略了系统和知本的力量。

基于西方微观分析主义的资本思维需要和东方生命有机主义的系统思维相结合，才能够发现一个企业运作的本质。无论是大企业还是小企业，分析企业就是分析人，分析企业的领导力结构、分析企业家精神，这样更靠谱。

我们发现系统进化的力量，就在于企业核心领导者和团队适应不同环境的能力，在处理未知事情时的认知冗余。认知冗余就是一种知本储备的概念，一个积极创造认知冗余的团队，是判断企业价值的基本点。

知本思维和资本思维的叠加，给予知本和认知冗余更多的判断权重，代表了企业的发展基因（见图 1）。

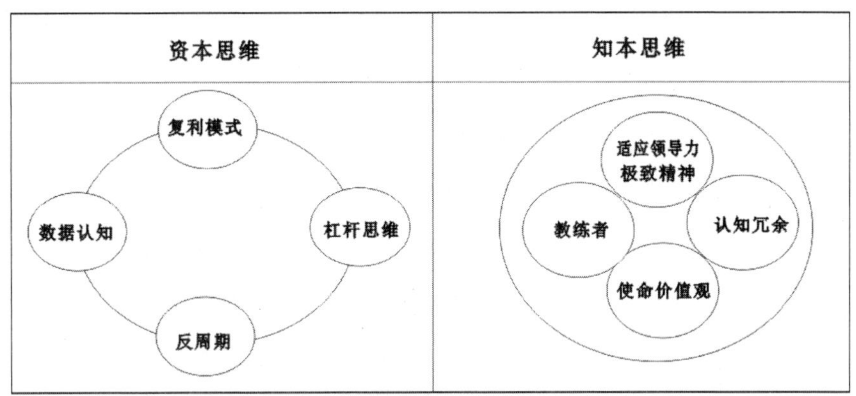

图1　资本思维和知本思维架构

学术语言总是不讨人喜欢，所以还需要简单直白的解释。这是基本的常识，这里我愿意深入一些，把资本与知本看成一个双螺旋，把它深化为一个商业基因的问题。同时，这也是即将到来的下一个时代的商业基因的问题。

这里的基因可以理解为根本因素。时代因素不断变化，科技日新月异，但有些根本的东西不会变。这些不变因素可能让一个企业成功，也可能让一个企业失败，还可能今天让企业成功明天又让企业失败。这一点儿也不玄妙，生活中的例子有的是，正所谓成也萧何，败也萧何。

所以，我们创业也好，投资也罢，或者做点事业、从事某种职业，首先要洞察其中的根本因素。就好比一粒水稻的种子可能会基因突变，长成某种超级稻，但它再怎么突变也不可能变成一棵参天大树，更不可能变成动物。同样地，一个企业经营得如何，往往是创业之初的那颗种子决定的，种子的DNA，也就是它的遗传密码，注定了它的成败。

双螺旋思维是相对于单螺旋思维或直线思维而言的，很多老板都是使用后一种思维，它非常硬，没有弹性和韧性。人的时间和精力是有限的，所以每个人的探索都会有自己经历方面的局限，产生线性的惯性。现在的社会正处于蜕变期，就如地壳板块重组一样，为了适应这种环境，就需要大量的复合型人才组成的复合型团队。一专多能是关键。之前企业的资产是硬的，硬源自它的主体是机器，原材料进去，产品出来，人只是其中的一个辅助因素，所以也谈不上人性化，就是一个硬生生的结构、硬邦邦的组织。

机器的背后就是资本，资本的背后是资本家。不管是叫老板也好，企业主也罢，其思维都是“别人给我下订单，那我就生产这种东西”。我用我的资本采购一整套机器设备，构建工厂体系。这当中资本占绝对的主导，只要有钱，就能买机器，就能买原料，就能雇人。人只不过是听得懂话的机器，连说话都不需要，只需要执行就足够了，什么都不需要考虑，考虑多了手上就松懈了，就跟不上机器的节奏了。这是工业时代早期所有企业家的思维方式，他们的思考方式是：我只想要雇员的一双手，你整个人来干吗？你的脑袋是用来偷懒的，你的嘴巴是用来讨人嫌的，就两只手来，能干活就行了。

但现在不行了，老板需要资本，更需要知本，也就是你的知识体系以及认知。不仅老板需要，整个企业的所有人都需要知本，也就是借助企业文化，打造学习型、创新型企业。与此同时，要把自己的资本适当地转移到内部成员身上，让他们也有小资本，形成无数个双螺旋，共同拥护你这个“大螺旋”。

双螺旋思维，贵在资本与知本的融合。其实在工业时代早期，资本与知本也同时存在，只是不能融合。当时，资本独行尚可，但现在二者必须融合。让资本脱离知本，或让知本脱离资本，都是脱离这个时代，脱离当前的现实环境。

如果你只有知本，也只认知本，那你最好去做一个成功学导师——充其量也只能做一个成功学导师。如果你只有资本，只认资本，那你的结果可能会更惨，因为知本不仅帮你赚钱，还有一个作用就是可以把你从歪门邪道拉回人间正道，把你从钱眼里拯救出来，共享生态红利盛宴。唯有知本与资本兼顾，一虚一实，一阴一阳，恰如太极图，才能平衡驱动，循环往复。

稍有想象力的人，都不难把太极图看成一个平面的螺旋。其实太极图也好，双螺旋基因也罢，它们都象征着宇宙运作的基本规律，更具体地说是宇宙运动中的生物运动，它不同于爆炸（宇宙大爆炸），也不是简单地扩张（宇宙膨胀），而是螺旋形地向上、向前。它跟那些物理世界的结构与运动方式不太一样，倒跟生命体的运动方式很像，所以把它叫作生物运动模式。我们的企业，如果说在工业时代和互联网时代早期是冷冰冰的资本、冷冰冰的机器主导所有，那么现在没有谁不认同，企业是由一个个活生生的人主导的。企业不是一堆物质，而是一个有机整体，它的运动方式以及本质，也只有用生物学才能够解释。

众所周知，生命的基因密码都存储在 DNA 链条之中，但是 DNA 是不能自我复制的；RNA 其实就是一种对 DNA 基因密码进行复刻的系统，能够将人类的基因密码变成另外一条完整的体系，复刻的精度接近完美，误差仅为十亿分之一。知本在某种程度上就充当了 RNA 的角色。

DNA 跟 RNA，哪个重要？两个都重要。当你要完成复制的时候，RNA 就特别重要，但平时它显示不出作用来。DNA 与 RNA 共同建构起了成熟、稳定的生命体系。我们创立企业时也应借鉴这种思维，同时具备资本与知本是最好的，如果不能同时具备，就要像 DNA 与 RNA 那样，共存、共生，相互引领。你有资本，我有知本，有资本的不必吃没有知本的亏，有知本的也不用拒有资本的于千里之外。在需要资本运作的时候，就让资本往前站一步，知本则留在后面撑腰，资本才有底气；在需要知本露一手时，资本就谦卑一点，放下身段，收获财富，这没什么不好。资本不足，力有不逮时，就用知本去撬动杠杆；当知本一时行不通时，就靠资本去加持知本，效益 N 倍放大。恰如阴阳，互为倚靠；恰如五行，生生不息；恰如八卦，因事制宜。

元思维框架

思维很大程度上来自经历，不同经历有不同的思维反映，并直接影响行为导向，企业 1.0 阶段都是线性思维可以解决的，只要胆子大，干就可以，开工厂、下海经商，几乎都捞到了自己的第一桶金。可是回看现在这些企业家结果如何？故而创造好的经历，才可以产生好的思维。如果说经历就是人生的组合，那为什么不提前经历再迎接资本，使知本思维应运而生呢？

元思维，其实就是根思维，也就是人们常说的“三观”中的价值观层面的一些内容。创业也好，运作资本也罢，你最基本的价值观是什么，这决定你事业的成败，也决定了你的人生高度。

对于领导力和知本的讨论，实际上就是对人生的讨论。资本增值和迭代模式往往是线性的，是一个连续的增值过程；人生的感悟，有时是顿悟。人生中价值观的转变往往是由一件对自己心灵有巨大冲击的事件引起的。慧者会主动迎接这种巨大冲击，接受生命和命运的引领，愚者则会被动躲避冲击。资本思维和运作模式是一种有限结构，数据目标和成果呈现是有限的。

知本迭代模式和人生是一样的，是顿悟式的。知本迭代的规律，快，闪电模式，快速自我提升。“士别三日当刮目相看”，只要拥有一颗完全开放的心，则这种转变是飞跃式的，自己的认知能力和认知结构会快速得到转变。所以，知本思维和其运作模式是一种无限结构，数据和目标是指向无限的。

为了解释顿悟，我以自己为例。

雅安地震那一年，我去雅安当义工，由于当地的房屋都受到地震的破坏，我住在一间受损比较轻的房子里。没想到遇到了4.3级余震，当时恰好是早上，人们都向空地跑去。虽然来时我已有心理准备，还是被当时的情景吓蒙了，还好房屋只是摇晃没有倒塌。之后，我陷入静静的思索。如果再大些的余震这里肯定会倒塌，一切也就不复存在，那么上天把我留下来，是不是另有安排？20多年的探索深度触摸多种行业，这样的经历也算难得，如果用我们的经历可让别人节约探索的时间，不正是一件有意义的事情吗？人生有限，我们应该做一件有意义的事情。我难得在那里沉静地思考：自己40岁，步入社会的20年，正是最美好青春的20年，回想自己当初最渴望什么？这段最美好的青春又做了什么？最渴望就是有人能指引清晰的方向，有人能带领着去心中向往的地方。遗憾的是，虽然也有很多贵人相助，我还是用最美好的青春换取了探索的路径。曾经常听一些成功人士分享，目标实现，青春不再，如果可以重来会如何如何。我恰好在这个人生的中点，能由此感悟，也要感谢这次余震。自此瞬间明了，自己渴望的也是别人需要的，确定后半生要用自己的经历，帮助有梦想的人少走弯路、提前实现梦想。也就有了今天做的事情和即将出版的书籍。

为什么会有这个决定？因为我之前所有的工作都是利己的。但在那座废墟上，我领悟到，人生境界真正的升华，必须由利己走向利他。利己与利他是人生的分水岭，也是事业的分水岭。利己思维，就是大个体户思维，有这种思维的，经营的也无非是作坊式企业，或许能发展成为大企业，有成千上万人，但本质上还是个体户。这类企业，所有事老板一个人负责，其他人都是材料，用时拿来，用完了“啪”地甩出去，完全没有什么思想包袱与负罪感，因为他是以自我为核心的。然而，利己是枚硬币，硬币翻个面就是不利己。过分利己是损耗能量的。一个人今天凭借一些小聪明，或者信息优势，从一个朋友身上捞了一笔，这是利己的，但下次这个人就再也不可能跟朋友合作了，因为这个人的利己，每做一件事情都会断绝一些人脉，失去进一步拓展的动力，最终完全失去组织资源的能力。

利他思维同样是一枚硬币，而且是一枚金币，正反两面都金灿灿的，让人不由自主地喜爱。因为，你总是利他，人性使然，哪个“他”不喜欢对自己有利的人呢？有利他思维的人，就如同在人群中竖起了一块金字招牌，熠熠生辉，这显然是增长能量的。举例来说，还是我那位朋友，或者已经成了仇人，但因为我已经从利己走向了利他，不仅让他赚回了先前的损失，利润还大大超过从前，这时候我说什么他就又信什么了，尽管可能会留个心眼儿。古人说得好，“天下熙熙，皆为利来，天下攘攘，皆为利往”。对普通人来说，利益就是最大的驱动力。当我们为别人做些事情，并且切实让对方有所收获的时候，对方是有自驱力的，他的自驱力会促使他走近你，与你合作，让你受益。

我仔细观察过，那些喜欢买单的人，最容易成功。买单意味着关系连接，这种关系连接得到了对方内心的确认。一个人是否善于付出，决定了他是否善于赢得别人的认可与合作。不要小看一顿饭，“革命不是请客吃饭”，但请完一次客，吃完一顿饭，很多时候，很难接近的人也能成为你的知心朋友。所以我们看到，那些从小就大手大脚，习惯请朋友吃饭的人，到现在依然有条件大手大脚地花钱，归纳起来就是越花钱的人越有钱。反过来，那些每次到了付钱的时候就躲在后面，或者“没有带钱包”的人多少年过去了，依然过着普通乃至拮据的生活。大家仔细想想，自己生活中有一些人是不是如此？

让我们回到做企业这个层面。从利己到利他，就是指一个企业，特别是现在协同型的企业，最根本的核心就是至少要做到利己与利他的平衡。虽然在商言商，我们不要求企业家只利他不利己，但至少眼中要有别人，心中要想着别人的利益诉求。别人的家庭、别人的困难、别人的一切都跟你无关，只想自己，想不到合作伙伴，想不到追随你的员工，这个时代也就和你没有什么关系了。知本思维、利他思维将是您企业转型升级、二次腾飞的助推器、发动机。

利他的时候，由于你心里不只是想到自己，不只是一个人，而是如何解决别人的痛点、社会的痛点，甚至国家的需要。所以，很多坏事会变成好事。这些累计起来的经历，构筑起的元思维体系，会在你的事业上、生活中如影随形。

没有不好的人只有不好的经历。早期民营企业家，由于知识技能单一，所以在寻求企业或者个人发展的过程中，都有过很多次被骗或者挫折的经历，有的甚至也模仿一些套路，产生过多的心理影响。在新事物来临之际往往最敏感的就是以前的经历。现在时代不同了，进步太快，很多人还没有反应过来，事物就已经过去了。今天是一个透明的社会，诚信体系、信息渠道、知识结构都在发生翻天覆地的变化，用以前的经历去做出判断必将付出更多的代价。经历产生思维，没有经历要创造经历，元思维框架就是新梦想的开始。

资本教练领导力

"教练"这个词，看上去不如"导师"那么高大上，但它接地气，更具实操性。以开车为例，你肯定不能找那些空有理论的导师，或者买本书自己琢磨，必须让既有车技又有教授经验的教练，从识别油门与刹车开始，一招一式带你，一点一滴指导你。你完全掌握开车技术了，他还要在副驾驶座上陪你一段时间，以便处理突发情况。导师会告诉你，要想身体好就要锻炼，需要在早晨5点钟起床；教练也告诉你5点起床，还要四点半就提前到场，陪伴你做正确的训练，并随时对错误进行修正。

如果有人问我：当下如何评判商业环境和市场的运作规律，我的回答是：混乱。一本书会有一句书眼之言，我在阅读《反脆弱》这本书的时候，记住了一句话：学会在混乱中成长。这是一个大导师被市场乱拳打死的时代。一个从理论出发的人，活在前人的范式中，便无法找到自己的路径。

我推崇教练型领导力，推崇知本引领企业的模式，原因在于我们今天处于一个黑天鹅事件频发的市场环境之中。同样，在《黑天鹅》这本书中，我也找到了一句书眼之言，即真正的英雄是防止灾难发生的人。

教练型领导者就是防止系统性灾难发生的人。

对于企业和创业者来说，生存逻辑处于优先级别，而教练型领导者的稀缺，恰恰是创业公司的痛点。发展基于知本思维的企业创业者，需要体现出一种勇气，一种一个人去击败由懦夫组成的集体的勇气。

我自己就是一个飞行者，这是教导飞行的人应该有的姿态。从来没有飞过的人，是写故事的人，无法体悟到教练型领导力的精妙。所以，必须要有实践导向。知本教练领导力框架如图2所示。

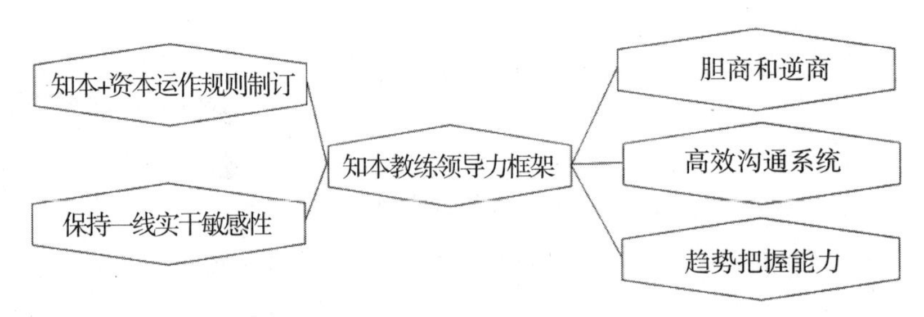

图2　知本教练领导力框架

如前所述，只懂知本、只有知本、只认知本的人可以做成功学导师，但他本身的能力在资本市场是不健全的，因为他仅仅是个理论上的导师。正如我们所实践过的，有些理论并不一定适用现实生活，有些“真理”偏偏跟我们唱反调，所以，实践是检验真理的唯一标准。我们不仅要做资本理论家，也要做知本教练。

其实，我自己也是个很好的例子。以前，包括我在内的很多人，算不算导师级别不重要，但每天做的事情就是导师的工作内容，整天翻来覆去地讲理论。不管别人怎么看，先自圆其说。理论自洽是很畅快的事情，导师在课堂里的坐而论道的方式，学生们以为自己得到了干货。但很多人听完后一实践就傻眼了，原来实践与理论是不一样的，理论固然重要，学以致用，随机应变才是事业的开始。我在重新经历了从创业到教练的洗礼，才有了今天的经过验证过的体系学说。

当然，导师并非完全不好，只是向他学习的门槛较高。马克思、恩格斯都是革命导师，同时也是实践家。但《资本论》有几个人读得懂，单是把它读完，都需要足够的毅力。教练则不一样，教练就是负责带人的，就是在你实践的时候，随时能够给你理论与实践方面综合指导的人。理论他都熟悉，实践他都干过。这样的人做领导，整个团队是有福的，其领导力也不言而喻。

举个著名的例子：

"飞人"刘翔与教练孙海平。刘翔的天赋摆在那里，毋庸置疑，但没有孙海平，刘翔的天赋会被浪费，会被埋没。刘翔本来是练跳高的，孙海平认为，他的身高决定了他在这项运动中不会登峰造极。于是要他改练短跑，但不能练普通的短跑，要结合他练过跳高的节奏感，改练跨栏，一边跑，一边跳。什么叫教练？这就叫教练。什么叫独具慧眼？这就叫独具慧眼。刘翔曾公开表示："没有师傅孙海平，我不知道自己会是什么样。"而且他不是光说不练，有一次"飞人"做代言，只有一个目的，就是为住房条件不理想的恩师在自家旁边安一个新家！新家四室两厅，比刘翔自家的三室两厅还略大略好，但刘翔说得好："师傅本来就该比徒弟住得好！"

教练的作用，在 2018 年还有一个鲜活的例子，刘国梁辞去了国家乒乓球队总教练的工作，结果中国队在国际比赛中失金了。"三军不可无良帅"，就是这个道理。

职业经理人的概念一直比较火。简单来说，职业经理人就是身经百战的教练级高管，有些上市公司有非常豪华的职业经理人团队，一般"老大"负责并购资产，调配资源，通常会把最强的那个职业经理人派往最困难或者初创的企业。他或许理论少点，但绝对知行合一，每一步的具体打法，每个环节的关键要素，都心知肚明，胸有成竹，通常一个人就能带好一个团队，激活一个企业。这种模式，我们称之为"甲方特殊管理"。目前，采取传统创投模式的企业死亡率高达97%—99%，只有1%的企业并购下来能活3年；但采取甲方特殊管理模式的企业，成功概率则是70%。在这70%当中，有一个关键词叫作资本保值。也就是说，相应的企业或许没有经营好，但至少做到了资产保值。当然，其中也必然会有资产增值的部分。而剩余的30%也不等于完全失败，因为它是教练模式，从一开始就避免了很大的损失率。

生态系统创富理论

时下很多互联网公司，都在谈生态，并且搞出很多语言变式，如跨界、化反、融合、裂变、聚变等，说到底，无非是“打通”二字。对内打通了，企业各部门同攻同守，互相支撑；对外打通了，则能以不变应万变，以万变应不变。在未来，内容、硬件、运营、云、金融、服务、人工智能、物联网、共享经济……就得融入别人的生态系统，否则就会丧失主动权。

生态系统创富，即要么创立一个生态模式，要么就在一个大的生态系统中成为强势物种。在当下和未来几十年的商业系统之中，要想建立一个基业长青的企业，只有如此。因为生态是不死的，强势物种能够在竞争中建立自己的核心优势，不断自我迭代成为极致性的“完美物种”。

生态系统创富，需要建立自己的核心认知能力。这个核心能力是一种动态的适应创新能力。核心能力是一种变动的适应能力，而不是某一项核心技术或者技能。

之前的市场竞争和市场信息是区域性的，现在市场是全球化的，最小的企业也需要接受全球化竞争的挑战和机遇。之前企业运营在区域市场中其实是一种游乐场模式。在开拓市场的过程中是由一种熟练动作组成的。而现在和未来几十年，商业世界里的竞争，需要进入一种“荒野求生”的模式（见图3）。

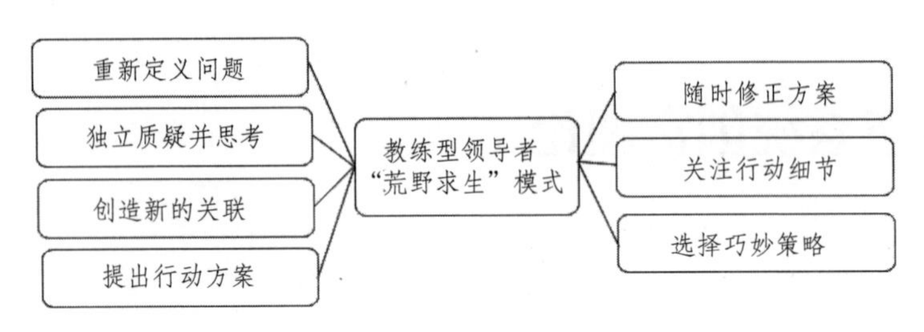

图3　教练型领导者“荒野求生”模式

我有一个合作伙伴，复姓申屠。这个姓氏很有历史渊源，史书上说它源于夏代祭祀时负责献祭中宰杀牛羊的高级官员，地位高过诸侯。我这个伙伴恰好从事的也是相关产业——猪蹄。他是浙江人，在大连起家，之后逐渐将事业扩张至东三省以及江浙、广深和中部地区，连锁店有300余家，每天仅猪蹄一个单品就能卖5吨，其余的畅销单品也很多。如果仅仅是赚钱也就罢了，重要的是他经营得比较轻松。为什么？因为他采取生态模式进行经营，而且是真正意义上的生态，从养殖到加工，再到销售，第一、第二、第三产业俱全：第一产业包括养猪、养鸡等，他自己养一部分，同时与相关地区的农户合作；第二产业是加工中心与运营中心的运作，负责相关产品的运输、宰杀、制作、储存、配送等；第三产业就是300余家店铺的销售与服务。我们看到，它已经形成了自循环的小生态，不论外界环境怎么变，内部都可以运转。无论怎样，人们总要吃熟食吧？就算发生了猪瘟这种极端情况，猪肉滞销，他还可以卖鸡肉；反过来，发生了禽流感他可以转卖猪肉；猪瘟、禽流感都来了，他还可以卖牛羊肉和鱼肉。未来，他会在保持现在生态系统稳定的基础上，不断赋予它更多的内涵，使其更加完善。

这位合作伙伴发展到这种程度，其实内部已经是一个完整的生态链，而整个链条中最重要的一链就是300余家店铺，有了这个链条，其余的都好匹配或组合。而且这个链条可粗可细，可长可短，可以根据需要多开几家或少开几家，不断淘汰不理想的店面，优中存优，从根本上保障销售与现金流。所以，从根本上说，他是把握住了整个价值链的关键节点，这也是所有准备创业或者投资的朋友们必须引起重视的地方。

其实，这也是德鲁克的“收费站理论”。作为享誉全球的管理学大师，德鲁克曾在书中提到一个案例：做眼角膜手术的时候，会用一种药，这种药用量非常少，在全球只有一个家族企业在做，已经做了近一百年。这就是“收费站”，只要做眼角膜手术就要用它的产品，全球所有的眼科医院都需要到它这里来采购，而且它的售价并不是很贵，这决定了没有大公司愿意介入，再加上它的经验与专业知识积累越发深厚，到最后不授权的话，谁也无法在短时间内复制。

但以上所述，严格来说还算不上真正意义上的生态系统。毕竟，它们或多或少还是会受外界因素影响。真正符合“生态系统”定义的案例其实是菲律宾虾球的案例。它不是食品，而是工艺品。虾球其实就是一个玻璃球，里面是空的，注入海水，放上海藻，再放上几只虾，然后从外面把虾球焊死，里面就形成了一个小循环：海藻产生氧气，虾产生二氧化碳，再加上一些我们肉眼看不到的微生物，这些生物就在里面循环生息了。这虽只是一种工艺品，但它是生态系统创业方面最好的启示，其核心就是内部小循环，对内掌控、对外绝缘。

国内比较典型的例子就是周黑鸭，它不仅整体上自循环，而且整个系统中的每个点，具体来说就是每个店，也都是自循环的。比如一个社区内，假如这个社区经常有300个人光顾周黑鸭，这个小店就能经营得很好，至于社区之外的世界，比如3公里以外，甚至1公里以外与它并没什么关系。社区就相当于菲律宾虾球的小玻璃球，是它的财源，也是它的堡垒和庇护所。

在各大体系生态筹备的过程中，应该用资本利他思维快速找到自己的位置，利用现在这个机遇期，静下来好好进行一番规划。2018 年 8 月 30 日，雀巢以 71.5 亿美元获得星巴克部分产品营销权之后，仅 7 个月时间雀巢火速推出包括全豆咖啡、烘焙研磨咖啡以及星巴克咖啡胶囊在内的 24 款新产品，加码全球咖啡零售业务。马云联手许家印收购万科，是巨头与巨头的联合。现在不是如何解决问题的时代，所以要快速创建生态或者加入生态。

最小创业单位理论

这是一个“过剩”的时代。产能过剩、产品过剩、信息过剩、选择过剩，同质化的东西多如牛毛，到处都是红海，到处杀得血流成河；创业者一不小心就会沦为“带枪的打工者”，成为别人产业链上的打工者。定价权在别人手上，你的价值几何，你的价格高低，都是别人说了算。你得营造自己的价值链，不怕小，只怕不能形成闭环，只怕不能自我循环。

最小创业单位理论，也叫最小经营单位理论。时代不同，最小的创业单位或经营单位的含义也应不同（见图 4）。这是创业或经营、投资之前应有的基本认知。

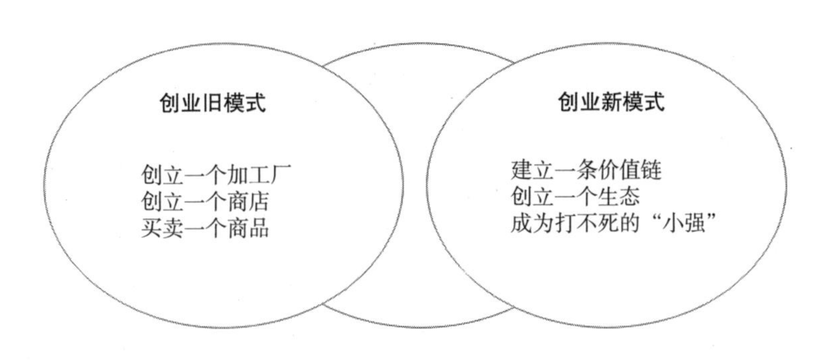

图4　最小创业单位理论比较模型

俞敏洪说过，“创业其实比生孩子容易，一个人就可以了，都不需要两个人”。这话没毛病，但如果你照其执行的话，很大程度上就会失败。因为时代已经变了，环境也已经变了。在俞敏洪创业的时代，那真是一个“问君何能尔，有胆你就行”的时代。那个时代，物质匮乏，只要你能生产出来，都不需要做广告，就可以卖得很好，你只需要把机器开足马力生产即可；那个时代，我们最常听到的一个词就是“生产力”；那个时代，你只需要把国外或者沿海生产的商品倒腾到内地就可以发大财，所以那个时代最有钱的人是“倒爷”。

改革开放早期的“倒爷”们，他们的最小创业单位起初都是他们自己。但过了最初阶段，通常就会发展成为一家人或者一伙人，这一点，无论是大字不识几个的无业游民，还是大学生，并无本质上的区别，通常都是“老婆孩子一起干，亲戚朋友都叫来”。

最为人们所熟知的是义乌模式，也就是前店后厂模式。我们知道，在那个风起云涌的时代，中国曾经涌现出一批比义乌小商品市场规模与名气更大的著名市场，比如武汉的汉正街，但唯独义乌小商品市场存活了下来，并且越来越具备竞争力。审视其缘由，就在于它从一开始就不是一个纯粹的市场，而是集生产与销售于一身，前边卖得快了，就加紧生产；前边卖得慢了，就抽人手去搞销售。

但现在这种模式还行吗?

不行了。

一家一户可能依然可行，但再想出现一个义乌小商品市场无论如何也不能了。因为已时过境迁。现在的中国，几乎每一个行业的产能都是过剩的，供过于求，那么你在此时创立一个企业，通常情况下都是一些没有太大竞争力的企业，只会增加产能，对社会来说毫无意义，对自己来说则是劳心、劳力又伤财。

就当前的经济环境而言，最小创业单位已经由当初的一个人或一个家庭，进化为一条价值链。如果找不到这条价值链，那你尽早放弃创业，也不要去投资。否则，就很有可能沦为“带枪的打工者”。名义上是个老板，实际上只是一个产业链上的打工者，处境甚至比那些真正的打工者更差。因为，把全部身家都押在上面，哪有打工者轻松自由？

义乌是个特例，它不仅存活了下来，而且存活得越来越好；往大里看，整个江浙当初也是特例。我有一批江浙的朋友，很早以前，他们就开着宝马，住豪宅大院，对于他们也没有太多形容词可用，就是“过得特别爽”。现在这些人基本全“折”进去了，很重要的一个原因就是“三角债”。如果像以往那样，有货即有市，他的机器继续运转，就可以继续赢利。现在不行了，机器继续运转，货继续出，但定价权在别人手上，最后实在撑不住，全垮了。说白了，就是把自己的钱和设备变成了别人的资金与资源，连同自己一起打包，成为别人的枪弹与炮灰，也即沦为“带枪的打工者”。前几年时不时就出来抢一下头条的“浙商集体跑路潮”，背后的深层次原因也在于此。

所以，当前新经济常态下，创业也好，投资也罢，至少要形成一条价值链，或者投资一条价值链，乃至产业链。不怕小，只要它是完整的。也别怕大，只要你创投的是这条价值链或产业链中的关键与核心。先前，人们喜欢把中小企业家称为企业主，现在，企业家也好，企业主也罢，都应该向着“链主”的目标努力。

举个例子：

扬州有一家小企业，做着祖传下来的很不起眼的事业——修脚，到这一辈发扬光大了，由传统的作坊主蜕变成了“链主”。开店自不必说，这位企业家还开了一家学校，专门传授修脚的手艺，同时他家的修脚刀被公认非常好，他把它做成了一个产业。最后，这位企业家形成了一个以他为核心的产业链：要么你找我修脚，要么你找我学艺，要么你买我的修脚刀，要么你找我的徒弟修脚、学艺或者买修脚刀，反正我的门店遍布全国各地。在合理公道的前提下，整个行业的定价就是我说了算。产业不是很大，但是活得极其潇洒。当然，这也是他一步步探索乃至摸爬滚打出来的，我们显然不能再这么去尝试、去碰撞。还是那句话：在创业与投资之前，就要想到至少要做一个小链主，而不能当“带枪的打工者”。

第二章
从“资本主义”到知本主义

如果说企业是躯壳，资本是血液，那么知本就是骨髓。有了知本，企业家可以“无中生有”，生生不息。资本游荡全球，寻找的就是可以放大自己的知本。知本固然渴盼资本，希望与资本对接，然而资本更渴望知本。一定程度上说，知本可以妄动，动静越大，引发的关注度越大。但资本不能妄动，一动就可能伤筋动骨。只有资本与知本结合，才符合资本的逻辑。

知本驱动时代进步

现在还不是真正意义上的知本时代，整体来说现在还是巨婴时代。一则谣言就能让成千上万的人去抢盐囤盐，一个小店抖落点便宜就有人疯狂抢购，父母逼着孩子考高分，真正的知识反倒少有人眷顾，孩子看书读不了几页就把眼睛移回手机屏幕……明星、网红推动不了时代，物质与名牌堆砌不出未来，很多人只有理想，没有思想，纵然积极，也是“走火入魔”式的积极。唯有思想，充满智慧和理性的思想，也就是知本，能让我们在这个纷乱的时代有清醒的认知。

知本思维是一种超级内核，能够撬动无穷无尽的资源。任何企业都需要建立一种面向市场的创新驱动的模式，在这种模式中，资本是第二位的资源，知本是第一位的。知本是第一创造力。

资本思维加上知本思维，就能叠加出一种裂变的效果，这是企业在现实中实现快速进步的本质。知本是无限积累的，为了掌握信息和知识，企业需要不断扩大，形成正向循环。

瑞士的立国之本，是这个国家百年金融知识系统的传承，但是瑞士的高等教育水平相比其他富裕国家而言，是比较低的。瑞士的银行系统和其他金融系统，还是基于一种教练式的学徒模式，更加接近职业化和专家系统而不是理论学习；基于诀窍性技术和工艺的传承，而非书本上的知识。

在知本驱动的企业中，一个本质性的价值考量标准就是，一个杰出人才带出了多少杰出人才。

2017年，中国工程院提交了一份年度外籍院士名单，其中微软创始人比尔·盖茨赫然在列。很多人不禁质疑：大学都没毕业的人，做院士，合适吗？

其实完全不必质疑，一则学历并不代表学识；二则比尔·盖茨在这些年来，始终都是知识经济的代言人。

事实上，“知识经济”乃至“知本”这些词汇，一定程度上都是比尔·盖茨首先提出的。早在20多年前，他就在《理想之路》一书中预言了知识经济的来临。

当前，社会浮躁，纵观种种乱象背后的原因，几乎都可以追溯到资本、金钱、财富这几个范畴。人们过于迷信资本，以至忘记了资本固然有助推作用，但若非有知本这颗“种子”存在，资本终将毫无作为，并且会陷入亏损黑洞。

当今世界，最不缺的可能就是资本，最缺的就是知本思维。比如，小米上线了吃鸡游戏迅速火爆，网易、腾讯、英雄互娱等便纷纷宣布上线了类似游戏。“一个领域从悄无一人到炮声连天只需要一个星期。”资本猎人们游荡全球，寻找的就是类似的知本。知本固然渴盼资本，希望与资本对接，然而资本更渴望知本。一定程度上说，知本可以妄动，动静越大，引发的关注度越大。但资本不能妄动，一动可能就会伤筋动骨。只有与知本，特别是能够与转化为生产力与生产效益的知本结合，才符合资本的逻辑。

如果说企业是躯壳，资本是血液，那么知本就是骨髓。有了知本，企业家可以“无中生有”，生生不息。比尔·盖茨本人就是很好的例子。他曾经说过：“是我家乡的公立图书馆成就了我。”他认为，阅读不仅能增长知识，更重要的是让人的眼界更开阔。所以直到现在，他依然每天至少阅读 1 小时，周末则会阅读 3~4 个小时。此外，他还不定期地闭关读书。闭关期间，他把自己关在别墅里，闭门谢客，读书充电，思考未来。据了解微软发展轨迹的人说，他每次闭关之后，微软都会有惊人之举。

他也曾经说过：“如果把我们公司 20 个顶尖人才挖走，那么我告诉你，微软会变成一个无足轻重的公司。”这当然不是说微软的高级人才只有 20 个，而是说人才与知本是知识经济的必要条件，知识经济又是社会经济的驱动力与源动力。而在知本思维领域达到顶级人才的标准，需要有大量的实践经历，这需要耗费大量的时间，所以人才总是有限的。

具体点说，所谓知本，就是以知识为基础，以知识的实际灵活应用推动社会和经济的发展。近几年来，我们看到很多人还在学校上学就创立了公司，拉来了风投。知识经济大行其道，知本取代资本日益成为全球经济主旋律。同时看到，很多曾经在改革开放之初叱咤风云的人，尽管拥有了第一桶金，但生存与发展越来越难。毕竟有多少钱也架不住亏损，尤其是上市公司，一年亏损几十亿元的大有人在。

中国改革开放 40 年取得的巨大成就，离不开全民族的奋发图强，同时也有赖于我们幅员辽阔、资源众多和人口众多、人力成本低廉等优势。但现在，伴随着资源枯竭、人口老龄化以及其他国家和地区新兴制造业的崛起，再依靠以往的模式肯定是不适宜了。

时代的主题是进步，进步的源动力是知本，经济进入了依靠创新驱动的时代。新的知本时代就要来临，或者说知本就要催生一个新的时代。这个时代的生产力以知识为主，生产工具是人的大脑和电脑。在两脑结合得比较好的经济发达国家，其非物质生产的产值早已超过物质生产，脑力劳动的从业人员人数也早已超过体力劳动的从业人数。随着世界多极化、经济全球化、文化多样化、社会信息化持续深入发展，面对日趋激烈的国际竞争，包括上述知本发达国家在内的许多国家，仍不断吹响知本时代的集结号，以期在未来经济时代到来之前赢得更多的筹码。

中国当然也不例外，从个体到集体，从企业到国家，每个人都不可避免地面临着知本时代的挑战。反过来说，在未来，无论是国家、社会、校园、企业，还是家庭和个人，全都可以通过知本的获得迎来一个新天地。我们的企业家，在此过程中，尤其要有“从我做起，敢教日月换新天”的立意和决心。

资源要素配伍平衡

任何单一思维、单一经历，都无法解决多维度的事情；用现在的知识与经历，无法判断未来事物的发展。往往是很多企业过去成功的经验，反而成了今天发展的绊脚石，因为资源匹配从单一变为需要多维和立体，机会周期也以小时来计算。任何的迟疑都将错过千载难逢的机遇，财富积累的速度与方式也发生了翻天覆地的变化。大家还在探讨滴滴模式时，今日头条、拼多多这些网站创始人，已经赋能知本思维，用三五年时间，创造了传统企业一二十年才能创造的成绩。更让人看不懂的是，万达在卖地产资源，京东、小米、阿里巴巴等在四处购买地产。正是这样的时代，才有机会振臂一呼，迅速称王。

资源要素配伍平衡——这是传统资本思维下的重要概念。简单地说，它是指资本主义生产模式下，企业家无非就是调配资源的人，包括调配原料、调配土地、调配机器、调配人力资源等。在这种情境下，目之所视皆资源，所有的资源都由企业家来调配，为企业利益服务。

尽管知本时代已来临，但知本完全取代资本也不现实。前面说过，资本与知本恰如自行车的前后轮，将独轮车也能骑得很好的终究是个别现象。辩证地说，企业在掌握知本及其属性的同时，也需要掌握资本及其基本规律。

简言之，我们要用知本思维调配资本，创建资源调配的创新组合，求得新的资源要素的配伍平衡。

由于历史原因，“资本家”在中国是个讳莫如深的称呼。人们通常称呼相关人士为企业家、金融家等。其实企业家也好，金融家也罢，抑或是资本家，其财富获取的方式基本上都是一样的，其中最重要的方式都是通过资本去实现对资源的掌控，或者部分掌控，然后通过垄断或其他竞争手段，找到市场优势。从资本主义诞生以来的几百年是这样运作的，那些称不上资本家的小商人、小作坊主及个体投资者也是这样做的。

每一件事情的推动，都有赖于它背后的动力系统。资本思维的产生与发展，推动了资本主义在过去几百年里的飞速发展。从亚当·斯密到大卫·李嘉图，再到卡尔·马克思，对资本的研究一脉相承。

在马克思及其之前的时代，经济学的框架包含四个要素，即生产、交换、分配、消费，它自成体系，概莫能外。在那个时代，生产是核心，生产的立足之地则是资本，如土地、矿产、工厂、机器，人依附于资本、机器与生产。生产，讲究生产力。不管是国内，还是国外，都一度非常迷恋“生产力”三个字。

生产之后，就是交换，也就是流通。以工业革命时期的英国为例，最初它的核心是生产，只要商品做得好，并不愁卖；但工厂越来越多，烟囱林立，生产饱和了以后，就要交换，就要流通，这就需要市场，没有市场就去抢占市场，抢占全球市场，同时也获取生产资源。中国无疑是个大市场，所以英国对其特别上心。按照英国资本家的设想，中国有那么多人，哪怕 100 个人当中有一个人购买一顶英国呢绒帽子，英国人就会发大财。奈何中国人过惯了男耕女织、自给自足的日子，根本不需要洋货。反过来，英国人反倒特别喜欢中国的茶叶、丝绸与瓷器，导致白银大量流入中国。英国人急于扳回贸易逆差，什么办法都想过了，为了平衡贸易差，最后将邪恶的鸦片引入了中国，人为地制造了一种很难戒断的需求。

最后就是消费。实际上，过去50年的市场理论，都是以消费者为中心的。现在这种趋势更加明显，用一些互联网创业者的话说，也就是“以用户为中心”，即消费中心。

前些年有一个“家电下乡”的政策，事实上这个政策到现在还有，它是我国政府积极扩大内需的重要举措，是财政和贸易政策的创新突破。但是，我们发现，这条路或者类似的路子越来越难走：一是家电使用周期长，二是消费者的购买力降低，就算政策再优惠，他也拿不出钱来了。

造成这种困境的原因，就在于我们故意略过的一环——分配。我们经常听到一个词叫“刚需”，老百姓的刚需，比如房子，不断被人研究，人们不断被掏空仅有的一点点财富。问题就出在分配环节上，当然也不仅限于中国，事实上这种现象是全球性的，就是因为生产、交换的主导权掌控在资本家手中，消费者固然有消费的权力，然而分配失衡，消费能力有限，企业固然可以开足马力生产，消费者却没有足够的购买力了。

从中可以看出，在经济学中，分配特别重要。时下什么概念最火？区块链。区块链本质上解决的就是分配问题。区块链实际并没有太玄妙的东西，但它可以在未来改变生产关系，这已经非常具有革命性了。

我们在这里整理经济学的变革史，审视其随时代不断进步而变动的重心，目的就在于抓住其主要矛盾，就是分配问题。这是当下经济学的主要矛盾。政府能解决好，就是好政府；企业家能解决好，就能把企业经营好；个人能处理好，也能改善自己的生活。

说得具体些，先前中国出现一些策划过不少10亿元级单品的营销策划者，我遇到过几位，包括背背佳、如烟、哈慈五行针等产品的策划者，我们在一起聊营销的时候，他们基本上都表示，时代不同了，类似的手笔再难出现，因为“只需做好一个要素就出来收割市场”的时代结束了。

下一个时代是全要素市场时代，在这样时代背景下，尤其需要将资本与知本结合起来。即将所有能够使用的先进技术和商业模式，以及人才对于系统的把握结合起来，形成一种系统力量。知本思维是一种对于全要素的驾驭能力，所以很难用文字来表述。

联系前面说的分配与区块链技术，我们要自问：能不能把消费的环节与再分配的环节绑在一起，比如在促销的时候运用区块链思维或技术，搞类似有奖促销的活动，不同之处在于这种促销是长期的、永久的，奖品不再是单一的产品或现金，而是股权，以代币的形式配送，积累到一定程度就可以获得实实在在的股权；向朋友推介也可以获得相应的代币与权利的话，吸引力无疑是很大的。更重要的是，企业与商家可以通过财富的再分配长久地绑定顾客，形成命运共同体。

比如，今年新上市的科技企业科沃斯，它的主打产品是扫地机器人，它采用“微积分模式”，无论是谁，只需一台电脑或一部手机，就可以帮厂家推广科沃斯的产品，佣金高达 5%。以其一台售价 1500 元的扫地机器人为例，推荐成功便可获得 75 元的收益，这中间并不需要推荐者像广大微商一样投入资金，囤积产品。类似的做法不一而足，总的来说都是分享的思路，都值得借鉴。

知本的“金手指”效应

大师可以批量生产，但圣贤只有那么几个。有知识的人不在少数，但真正能给人以启迪、能四两拨千斤甚至点石成金的人，终究是凤毛麟角。因为“经历”在思维中举足轻重，知本思维在国内刚刚起步，比欧美国家要落后 200 年，所以受益的群体只是少数。经历事情需要时间，谁先提前经历，谁就提前掌握和应用经历，而不是只有理论。企业家应该尽可能修炼这种认知能力，不断地经营企业的同时，读书、实践，知行合一，丰富自己的认知，这样即使无法达到我们期望的高度，至少也能在不断完善自我的同时，确保在有人向我们伸出金手指时能一眼看出他指向何方。

知本思维能够将异质的资源组合起来，形成更有价值的资产。知识作为一种“金手指”，在这种组合中产生了关键性的作用。知识不仅仅是一种认知，在我管理的资本体系中，它是作为一种生产要素加入的，这就是知本的价值。知本，在之前被认为是一种不值钱的要素，现在成了一种值钱的要素。知本服务之中，连接着一些资源，聊聊天，出出主意，这些类似咨询的行为，其实也具备价值，只要价值能够落地，那么贡献者就能够获得利益。

值钱企业和赚钱企业的概念

赚钱企业是很容易理解的概念，意味着企业以今天的利润为核心，通过交易来完成创收；企业以积累超额利润为目的，营收模式是经营者主要思考的内容。所谓生意人，追求通过规模化的商品交易获得规模化的营收。在运营哲学的思考基础上，赚钱企业思考的时候，是线性的，他们喜欢寻找确定性的方案，比如成本和市场价格之间的计算，然后付诸行动。赚钱企业在行动上会遵循一些专业行业产品的方向，这是他们由自己的认知决定的。在市场机会把握上，他们喜欢赚消费者的钱，如果目标利润高于自己所从事的行业利润，他们很容易会做出新的选择，做新的生意，他们喜欢高利润和高周转的业务类型。

所谓值钱企业，就是将海量用户的未来需求和企业愿景结合在一起，真正实现财富飞跃。值钱企业不仅仅赚消费者的钱，也赚股东（投资者投资和并购）的钱，靠的是上市前的估值增长，实现自己的价值飞跃；也靠上市之后的高市盈率卖出股票，获得超额收益。

值钱企业的运行哲学是，经济结构才是经济发展的根本因素。在市场中没有人是能够拯救“夕阳”的，太阳落下的时候，不用挽留，而是应规划第二天早晨太阳升起的时候，自己的企业能够做什么。值钱企业可能从未来十年、五年后的产业场景中回到现实，在现实中构筑未来。现在不一定能够赚大钱，但是随着新产业各种要素的成熟，其企业价值一定会得到十倍甚至百倍的增长。值钱企业思考如何从结构和未来的战略市场机会中获利，而将当下如何赚钱的目标放到了一个辅助的位置。在行动中，通过放弃赚小钱的方式来获得未来的市场势能，从而获得赚大钱的机会。正是有着赚大钱的机会，所以企业在当下才会值钱。

真正的知本思维，是从实际问题出发，思考企业如何值钱的问题，以高效率解决问题为导向，不追求标准答案，在先验性的探索中寻找价值，选择相对最优的创意来解决问题。在实践过程中，只有完成度是不够的，要一直想着什么才是最佳实践。在做事的过程中，60% 的精力用来顺延组织的惯性，跟随大家，该怎么干就怎么干；40% 的精力要找出新的突围路径，将惯性实践和创新实践结合起来。知识需要不断重组，创造出知本来，才能使用知本思维解决新的问题。

相信大家都听说过这样一个故事：

20 世纪初，美国福特公司因首先使用流水线生产汽车，迎来了企业发展的黄金时期。但有一天，公司的一台大型电机出了毛病，整个车间都不能运转了，内部的维修人员费尽九牛二虎之力，也找不出问题出在哪儿，更谈不上维修了。经人提议，公司请来了电机专家斯坦门茨。斯坦门茨仔细检查了电机，然后用粉笔在电机外壳画了一条线，对维修人员说：“打开电机，在记号处把里面的线圈减少几圈。”人们照办后，故障马上排除了。公司负责人问斯坦门茨要多少酬金，斯坦门茨说：“不多，只需要 1 万美元。”1 万美元？这在当时可是个天文数字，就只简简单单画了一条线？斯坦门茨笑笑说：“画一条线，1 美元；知道在哪儿画，9999 美元。”福特公司的管理层深以为然，马上照价付酬，并高薪聘任他为公司的技术顾问。

这个故事的真实性有待考证，但它阐释的道理是没有问题的。人们常说某某人是“大神”，斯坦门茨无疑就是“大神”级别的人物。中国人也常说，阅人无数不如仙人指路，社会上有含金量的人不在少数，但真正能够给人以启迪，能够四两拨千斤，甚至点石成金的人，始终是凤毛麟角。

金手指效应在股票市场体现得更为明显。巴菲特买什么股票，基本上都能涨，关键就在于人们信任他，既信任他的技术，也信任他的耐心，就算一时不看涨，也有老巴托着，不至于崩盘。当形成这样一种共识后，巴菲特的手指就算不是金手指，人们也宁愿相信那就是金手指，真的能“点股成金”。

当然，我们这里说的金手指，指的是那种经得起检验的金手指。放到股市上说，别人买不买我不管，我只要买它就涨，这就叫金手指。从传统的投资、创业角度来说，就是只要我出手，就能获得财富。

再进一步说，我们说的金手指，指单独的一根手指，类似于禅宗的一指禅，你不用管它代表什么，你也不用管与之相关的因素，有这一根手指就够了，它指向哪里，哪里就有胜利。

有人说，金手指不也得靠大脑指挥？大脑一片空白，手指不可能金贵。这没错，不过确切地说，金手指背后是一种综合认知，是知本思维的运作模型（详见图 5），而不是臃肿杂乱的知识体系。

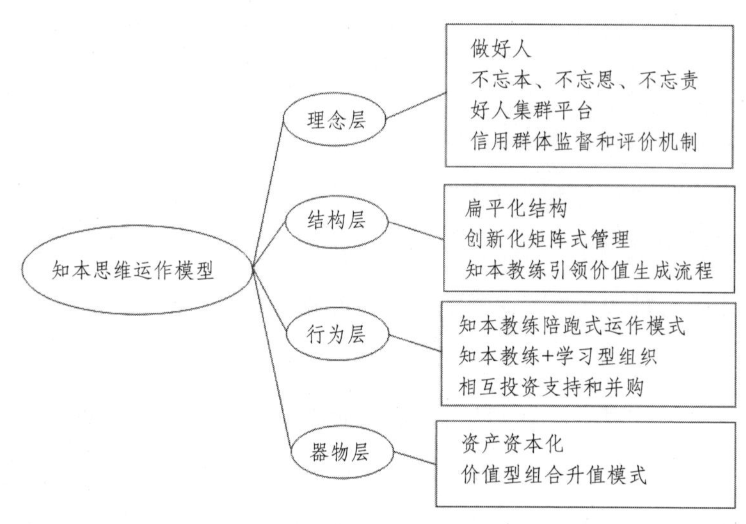

图5　知本思维运作模型

我们总是在谈如何把握先机？事实上没有人能完全把握先机，顶多能比普通人早一步看到趋势，然后及时顺应趋势罢了。就像乔布斯，一位日本记者在采访他时，问他能否预测 10 年后乃至 50 年后整个互联网与数字生活等方面的情况，他很老实地说：“我不知道，我现在能看清的未来大概只有两年，因为我不知道会有什么新的事物出现来颠覆我。”已经准备退休的马云也说过：“我不想看那么远，我就看两年就够了。”其实他也看不了更远。有人说经济学家可以，其实不然，经济学家是没有金手指的。他们擅长的是根据历史规律，提取理论框架，他们的思考方式决定了他们在预测未来时基本上会失灵，因为未来没来之前，谁也不知道它的模样。

或者说，金手指是一种智力的组合。前面讲过，企业家要懂得资源要素之间的配伍平衡，这就好比下棋，在什么时间、什么点位落什么子，这非常考验人。又好比炒股，尽管在一天内整体行情是上涨的，但你时间不对，点位不对，买了也可能亏钱。我们说一个人拥有金手指，不单指他能把握大趋势，而是必须再进一步，能够把握整个趋势中的每个关键节点。比如投资一家企业，在哪个点位进场既能分得更多股权，又能实现收益与风险上的平衡？事实上，所有的风投、天使投资公司没日没夜都在思考这件事情，也都在做着这件事情。有的时候，他可能就是一种直觉，几个小时就拍板了。然而这种直觉的形成，有赖于多年的积淀与复杂的提取工程。

海尔总裁张瑞敏说过：“把简单的事做好就是不简单。”很多人都听说过这句话，也都身体力行，并这样要求自己的员工。其实张瑞敏还说过另外一句话：“经营企业，要从上到下，做好每一个细节，就好像烧水，只有烧好每一个平凡的1℃，最终才会沸腾。但投资不能这样，投资者要去找那些已经烧到了99℃的项目，然后给它添把柴，马上就会沸腾。”换句话说，投资者要始终紧盯头部资源，不要去盯长尾。

拥有金手指殊为不易。不需要强调，企业家也都知道，自己应该尽可能修炼这种认知能力，在不断地经营企业的同时，读书、实践，知行合一，扩展自己的认知维度，这样即使无法达到自己期望的高度，至少也能不断完善自我，同时能确保当有人向我们伸出金手指时，我们能看清他究竟指向何处。如果你的认知足够的话，别人有时不经意的一句话，就会变成金点子。反过来，认知不够，别人怎么说你也听不懂。

融“智”甚于融“资”

传统的创业者，一般是先以股权换融资，拿到融资后去招人，扩大整体规模。但以华为为代表的一类企业不一样，它没有融资，而是直接拿股份去吸引高端人才，这样不仅一步到位，而且能更好地使人才发挥主人翁精神。这样做当然也有风险，那就是引进的人才可能不适应企业的发展。其实正如融资时不能见钱就要一样，企业也不能见人才就要。如果有企业融到了不合适的人才，是正常现象，首先要从企业自身找原因。

巴菲特的人生导师、合作伙伴芒格有一个思考模式：反向思考模式，即在思考问题的时候，如何将一件事情以最迅速的方式干坏。比如，一个企业在领导力稀缺的时候，继续给资本，看看能不能够解决问题。我们在分析的时候，就会发现，最差的领导力加上强大的资本，得到的结果往往是糟糕的，在市场中可能会犯大错误。

知本，在资本市场是一种被严重低估的资源要素

对企业有价值的贡献，在资本市场是很难计价的，特别是一些商业模式和策略型的贡献，企业一般都不对这些行为主体进行付费。其实“知本教练”是我们在本书中才开始提及的一个词语，这个词语在之前是没有人提及

的。在企业的创业、资本并购和深度售后管理服务过程中的服务行为主体，应该获得利益和资本收益。

早在20世纪80年代，风险投资的知本服务能力就成为一项重要的参数。仅仅给点小钱就能启动项目的风险投资人，逐步失去了对于创业者的吸引力。实现资本运营的企业需要被引入一个新的价值网络之中。所谓价值网络，最主要的资源其实是拥有各种杰出能力的人，而不仅仅是资本。资本是一种均质资产，谁的钱都差不多，但是背后的支持网络，却是独特的资源，能够做到资本做不到的事情。连接关键人才，这才是更有价值的。

早期的风险投资的成功率只有3%左右，但在风险投资机构形成母体一样的孵化和加速器体系的时候，这些企业的成功率大大增加。知识资本在投资过程中，特别是在中小企业的创业投资过程中，起到了关键作用。

然而，这些价值服务者在市场服务中很少能够拿到合适的服务费用，知本在市场中的价值被低估了。

投前孵化模式，就是知识服务，可以增加企业的现金流，自建造血能力，良好的数据能够在资本市场获得更好的估值。完全依赖资本市场融资的企业，在资本面前往往得不到尊重。上下游产业的换股计划，能够构建更好的协作性的价值链条。推动自由资产的证券化运营也是新的探索之道。

知本收益应该成为和货币资本一样的资源要素，这是本书所要表达的主要观点。在中国市场，努力为中小实体企业提供知本服务和收益体系，让企业进行横向的深度联结，这是我们的主要实践路径。投前孵化、投后管理以及完整的人才库和培训体系是中国创投资本领域的薄弱环节，薄弱环节也就是市场机会，相信会有更多的专业团队进入这样的服务体系中去。

企业最稀缺的资源，都是知本领导力领域的内容。融智其实是一个企业运营的关键节点，企业需要的核心资源就是适应性的专家，他们能够做到跨界迁移和联结知识，以更加巧妙的方式解决问题，他们是更具创造力的人。好马和劣马一起赛跑，会越来越慢。智力对撞其实是一种融智的过程。融智领域，收益很大，损失却很小，其他事则不然。

融资，还是融智？这是一个很有意义的话题，也是很多企业家热议的话题。说到底，企业本质上经营的都是知识，所以回到知识本质，不会犯错误，也不会有副作用。

传统的思路是，创业公司以股份为代价，从投资公司拿到融资，拿到融资后再去招人，扩大整体规模，相当于把钱换成人；那为什么不直接把相应股份换成人才，在一步到位的同时也能使人才发挥主人翁精神，就像华为所做的那样。

众所周知，华为是真正的人人持股制，就连首倡者山姆·沃尔顿都自愧不如。作为华为的创始人，任正非只持股 1 % 左右。创业之初，任正非也是摸着石头过河，并没有一上来就给所有员工股份。一系列挫折之下，任正非的父亲在一次聊天时告诉他，新中国成立前，很多行业都是大老板投资，请掌柜的经营；掌柜的不用出一分钱，但每年可以有 4~6 成的分红。所以，掌柜的都是自己给自己加压，让他休息也不肯休息。一席话惊醒梦中人，任正非马上着手做了两件事：其一就是带头剥离手中的股份，先稀释给技术骨干，然后逐步发展到人人持投；其二是无论资金多么紧张，对执意离职的员工，绝不拖欠一分钱。这两招非常管用，军心很快稳定。正是从那时候起，华为的“床垫文化”开始时兴。

再说小米，雷军其实并不是这几年才开始火的。他是个传奇，除了是曾经的金山 CEO、现在的小米董事长，他还有一些身份，比如著名天使投资人，甚至还当过黑客。在 2000 年前后，雷军认识了魅族的老总黄章，二人成了无话不说的好友。一度，雷军给黄章献计献策，甚至愿意为魅族押上全部身家，但有一件事让他打了退堂鼓。有一次，雷军对黄章说，你公司某某高管在软件硬件方面都很强，但一分钱的股份都没有，很容易被别人挖走。黄章的回答让雷军震惊，“他被挖走了我自己能干”。雷军和他聊了很久，终究无法说服黄章释放一部分股份。对公司控制及人才使用的重大分歧，使二人最终分道扬镳。如果没有这次分道扬镳，也许就不会有后来的小米了。小米能发展得这么快，用网友的话说，主要是因为雷军是敲钟敲累了的人。在他眼中，人才、技术、市场、资本，所有的资源要素都可以在短时间内融汇聚合而来，只要这件事是对的，做起来并不难。

再比如蔡崇信与马云的关系，普通人可能不太知道阿里有蔡崇信这么一个人，但他其实是阿里的幕后英雄，属于在危机时刻驾着五彩祥云来救马云的人。相较马云无数的光环，属于蔡崇信的头衔只有一个，那就是“马云背后的男人”。蔡崇信曾戏称，“马云成功背后不止有男人，也有女人，阿里巴巴的成功从来不是一个人的成功，而是所有参与者的成功”，这是实话，不过谁也无法否认，蔡崇信对马云乃至整个阿里的不可或缺性。

在蔡崇信加盟之前，马云经历了两次创业失败。没有蔡崇信，马云也会走出来，但他需要另一个类似于蔡崇信的角色来帮助他解决当时的那些问题。当时是什么情况呢？加盟阿里后，蔡崇信首先做的是帮马云把公司注册了下来。换句话说，当时阿里还未注册。然后，在那个夏天，蔡崇信挥着汗水，给第一批员工讲股份、讲权益，让马云和“十八罗汉”在 18 份完全符合国际惯例的英文合同上签字。不经这一步，阿里发展好了将来也是个家族企业，会一直以“感情”“理想”“义气”维持团队。蔡崇信把它做成了公司，以正式合同的形式将整个团队的利益捆绑在一起，这是至关重要的一步。再然后的动作就更重要了，当时马云与蔡崇信商定的月薪是 500 元，但这 500 元的工资他马上也要开不出来了。蔡崇信一来，生机也来了，在他的运作下，包括蔡崇信的老东家 Investor AB 在内的一众投资机构迅速注资阿里 500 万美元。

在关键时刻遇到对的人非常重要。现在马云可以轻松地退休了，因为阿里的高手已经不下百人，已经形成了人才矩阵。但在当时，就只有一个蔡崇信。蔡崇信此前的年薪已高达百万元。这种情况下，马云所能倚仗的也只有知本了。他成功撬动了这个关键人才，蔡崇信也不亏，他在阿里的地位非常高，股权高到仅次于马云。

当然，给钱并不能解决所有问题。真正的人才不会为几斗米折腰。马云也说过，员工辞职，最真实的原因只有两个：一是钱没给到位，二是心委屈了。很多人都说，我们要“俘获”人才的心，这里必须纠正一下，“俘获”这个词太居高临下，用“赢得”更好！

阿里的故事还有一个关键的价值节点：蔡崇信让马云的公司能够赚钱也非常值钱。但是融资这件事情，马云还得感谢一个人，这个人就是吴鹰，吴鹰帮助马云找到了孙正义，然后创造了 5 分钟融资 2000 万美元的奇迹。如果没有这个铺垫，也许就不是这个结果。

在这个商业故事中我们得到一个结论：找资金，还不如找一个会融资的顾问，这是企业发展过程中的一个关键角色。

总的来说，如果你立足于融资思考问题，那你的思维还是资本思维。如前所述，资本思维与知本思维相背离，特别是工业革命早期的资本思维：把资本当老大，再高级的人才也不过是附属品，显然已与当今现实脱节。立足融智，是知本思维，但也不能因此就不要资本思维。我们在前面也说过，知本的作用在于助力资源要素的配伍平衡，二者缺一不可，必须齐头并进。至于哪个占的比重更多些，全看企业发展的具体阶段与具体状况。

从企业家到投资家

富不过三代，这个魔咒对企业家来说尤其如此，因为企业家通常面临路径依赖。不但很多企业家依靠旧模式，投资家也没有新发明。企业家的血液里天然有投资家的基因，但投资家未必经营得了企业。从企业家转变为投资家，两“家”兼顾，不过是转换个思路而已。当然，这个思路也是最难转换的，尤其对于那些思维僵化的人。

一般来说，人们赚钱分为以下三个层次。

第一个层次，拿命赚钱。处在这个阶段的人通常都是员工级别。人们常说，时间就是生命，给人打工，相当于把自己的时间卖给老板，可不就是拿命换钱吗？这一时期挣钱苦，主要表现在体力上，要多干活，干好活，要服老板的管，也要管好自己。能做到这几个基本要求，便有了向更高层次跃进的可能。

第二个层次，拿人赚钱。这时候通常已经是个企业家，哪怕是小企业，但个人能力强了，经验多了，自己当老板，管着一帮人，让别人多干活，干好活，你就能多赚钱。这时候你要尽量少出力，多动脑，主要精力要放在如何让别人多干活上，而不是自己亲自干活。

第三个层次，拿钱赚钱。这阶段自己不干活了，也不管别人干活了，主要做投资，把钱放在合适的地方，让钱生出更多的钱。你可以没有公司，但只要选准投资的公司，并且买入卖出的价格合适，你就能大赚，甚至比经营企业的人赚得更多。

有没有同时符合上述所有条件，也就是一步步从拿命赚钱到拿人赚钱再到拿钱赚钱的人呢？有，并且还不在少数，比较著名的就是巴菲特。很多人都问，为什么中国出不了巴菲特？事实上在美国模仿巴菲特的人也很多，但巴菲特只有一个。至于原因，正如巴菲特本人所说：“我是个好投资家，因为我是个企业家。我是个好企业家，因为我是个好投资家。”换句话说，他既懂企业，又懂投资，双剑合璧，两条腿飞奔，自然比那些要么只懂企业、要么只懂投资的人更有优势。

企业家也好，投资家也罢，没有一个是学校里教出来的。学校可以教你知识与理论，但恰如只背拳击理论上擂台肯定会被打掉门牙一样，光有书本上的知识就去创业或投资也是不可行的。

巴菲特的投资理论都是他自己摸索出来的。他不是从大学毕业才开始创业，而是从小学就开始了。巴菲特一生中投资最成功的股票有两支：华盛顿邮报和可口可乐。前者他赚了160倍，后者他赚了120亿美元。这是令世人瞩目的投资收益。人们只关注他的收益，但没有人关心，巴菲特13岁时就开始当报童送报，其中有一份就是《华盛顿邮报》。他每天早上4点起床，圣诞节也不例外。如果生病，妈妈会暂时替他一两天。就这样，他整整坚持了4年。高中毕业后，他不送报了，但只是自己不送了，送报队伍却发展壮大了，他请了十来个报童，当了小老板，实现了“从拿命赚钱到拿人赚钱”的跨越。

1956年，巴菲特成立私募基金，逐步控股伯克希尔公司，并把它打造成全球著名的投资平台。巴菲特能赚钱，没有人不服气，究其原因有两个：一是对行业看得准，二是对价格看得准，价格看得准又从属于行业看得准，因为他有多年的创业经验以及管理经验，所以能用企业家的经验与眼光看待股票。用他的话说，“买股票就是买公司，买公司就要买好公司”。企业家知道什么是好公司，但投资家知道什么是好价格。好公司加上好价格才是好投资，企业家加投资家才能赚大钱。

当然这不是蛊惑大家去炒股，而是告诉大家，除了懂得必要的风险对冲知识，还要学会研究整个市场。投资家固然要研究企业，企业家也必须研究投资领域。还以巴菲特为例，他之所以能在《华盛顿邮报》这只股票上大赚，主要在于他送过多年报纸，也管理过多达数十名报童，甚至与报社的编辑也多有交集，所以能用企业家的经验和眼光看报业。当时不像现在，报纸还是黄金行业，巴菲特的从业经验告诉他，经过竞争，最终一个城市通常只会剩下一家报纸，《华盛顿邮报》就是如此。作为华盛顿这个城市的第一大报，它占据着垄断地位。在当时，报纸上的广告版面几乎是唯一的广告投放平台，怎么可能不赚钱?

第二只让巴菲特赚到大钱的股票是可口可乐。巴菲特对它的研究则可以追溯到更早，比巴菲特卖报还早。他上初二时才开始送报，但在他 8 岁上小学时就已经开始了尝试在家门口卖一些饮料，货源是他爷爷的杂货店。爷爷批发给他每提（ 6 瓶 ）饮料 25 美分，他卖 30 美分，净赚 20%。与此同时，他也卖些别的饮料，以及香烟、口香糖。他还有个搭档——邻居家的小男孩，俩人不卖货的时候会去加油站收集饮料瓶盖，人们以为他们只是为了玩，其实他们是在分析市场：究竟哪种饮料最受欢迎？从那时起，他就通过数据分析得出了“可口可乐最受欢迎”的结论，恰好他自己也爱喝，那为什么不在它股价低廉的时候买进呢？基于此，1988 年他买了 10 亿美元可口可乐的股份，次年又买了 3 亿美元，这 13 亿美元的投资后来变成了 133 亿美元。

还是那句话，喜欢喝可口可乐的人很多，知道可口可乐是个有价值的企业的投资者也很多，但像巴菲特这样每天喝可乐并且亲自卖过很长时间可乐的人不多。而我们在这里倡导企业家进行投资，还有一个很重要的原因就是，投资会让你更加深入地了解企业。如果你还不够了解一家企业，那么最好不要急于投资，这是一枚硬币的正反两面。一个成熟的人，必须是时间与空间两个维度上都很丰富的人，经历过很多的事，如此他才能在投资时一眼看出，眼前的项目如何，自己又该从哪里准确地切入。

爱一行才能够干一行，再加上知本思维，才能够完成自己的目标和使命。举一个创业者的例子，在茶领域已经深耕了二十余年的一位创始人，在全国开了二百余家茶馆，另一头连接了几万茶农。这个协作网络积累了大量的有价值的数据，这些数据如果不经过规划，都是闲置资源，形成不了价值。

创始人对于中国茶和茶文化是真的热爱，提到茶文化，整个人马上就精神起来了，眼神都在放光。她跑遍了中国几乎所有的茶乡，对于茶农的清苦有了更深的体验，所以她想将这些大山里的生态茶带到大城市，能够帮他们卖个好价钱，让更多茶农富裕起来，可是实施起来非常困难，因为力量单一，资源单一，所以纵使有协助茶农的情怀也无能为力。

各地生态产品都是由于地处偏远，运营成本、交通成本过高。但如果运用知本思维顶层设计，利用已经在茶行业积累的基础，借助互联网优势，建立一个新的茶通路，变成一个城市人的生活场景，并且将几百家店连在一起，完成数据化流程，形成大量的消费数据，形成可以读书和学习传统文化的交流场所，形成独特的社群，必将是未来的趋势。

如果仅仅将自己的事业理解成为茶叶生意，这种认知是有局限性的。一个企业如果不能够和更多的人形成一种协作关系，不能够将自己的产品变成服务，变成一种场景中的消费行为，就很难适应互联网时代线上和线下协同共进的系统运营模式。经过系统地梳理，这样的企业不仅仅是一个赚钱的企业，更重要的是在不断产生可信的数据，这就是在做一家可信的值钱企业，这么做了，自然会得到社会资本的青睐。值钱企业的逻辑就是要有经营大系统和利他的认知能力，实现从企业主赚钱到带领茶农和店铺运营者一起赚钱。同样卖咖啡，也需要一种类似于星巴克一样的系统运营能力，建立资本、产品、店铺、品牌和供应链一体的完整系统。

散落在民间的茶农能够通过系统直接面对市场。在布置场景上如高铁站、飞机场候机楼，细分出客户群体，这样的企业经过数据积累，品牌设计，还没有开始就已经有投资人找上门来了，因为哪天在等飞机的时候约朋友到自己的店里坐坐，品茶论道，不仅有经济收益，还满足了自己的小情怀，是很多人的期许。

这个转变，对于中国很多中小企业来说，都是非常必要的。

最后要说的是，如何从企业家转变为投资家，也是企业家的必修课之一，至少比投资家了解企业的要求更加迫切。因为时代在飞速发展，企业生产的商品兴许没多久就过时了。坚持做企业家，这些市场上的敌人无法回避；但做投资家的话，则可以化敌为友。你不必跟他竞争，相反你要拿自己所具备的资源去投资他，在投资的过程中，你也完成了自我迭代。新产品出现时，继续抱残守缺毫无意义。谁代表未来，就跟谁一起成长，这才符合投资家的身份。

超脑工程协作体

人脑是思考的机器，美国人有一些管理工具，可以让几百、几千、几万个聪明的大脑联合起来工作。他们的大脑构造并无不同，只是能够兼容。中国人的智商很高，当然也可以兼容，但通常情况下，我们更愿意维持自己的小宇宙。小宇宙外面是大宇宙，那就是你的顶头上司。顶头上司也有他自己的大宇宙，那就是上司的大领导。在职场，你有意见也好，有创见也罢，都不宜越级去找大领导。你越一级，基本上就意味着你与顶头上司的关系破裂了，好比打乱了宇宙规律。

我有一位朋友，他是中国科技大学大毕业的少年天才，有留美经历，现在是一家人工智能科技公司的创始人。有一次我们谈到创新，他说，中国有十几亿人，美国只有三四亿人，他们人数只有中国的一个零头，我们比他们多出十亿人，但我们在创新方面为什么反倒不如美国，会存在那么多问题呢？而美国人不仅比中国人创新能力强，在全球来说，其原始创新、技术创新能力都十分厉害。

当时我泛泛回答，他却直接道明：最重要的一点是美国人有一些工具，主要是管理工具，它能让几千个聪明的大脑一起工作，这就是知本共识机制（见图 6）。单纯比智商，中国人非但不差，反倒可能是世界上最聪明的，但中国人通常是一个或几个聪明的大脑在思考，其余成千上万个大脑不思考，或者只思考一些无关紧要的东西，只是身体和手脚忙碌个不停。而美国人呢，是几千个大脑一起思考，显然就比我们思考得更加全面，更加细致，当然更容易创新。

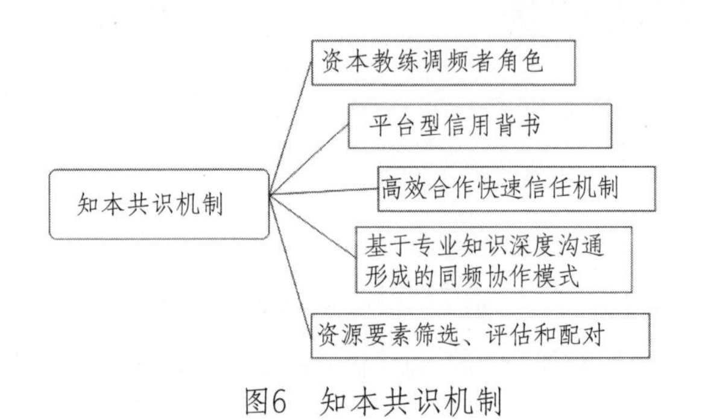

图6　知本共识机制

人脑是思考的机器，贵在兼容。

以民族品牌华为为例，它内部发生过一个很有代表性的事件：某年，一位华为新员工，进公司不久，写了一封“万言书”，提了很多经营策略与建议，此“万言书”是直接交到任正非手中还是层层上递的不得而知，重要的是任正非看了以后，批示道：“此人如果有精神病，建议送医院治疗；如果没病，建议辞退。”马云也说过类似的话，他说刚来公司不到一年的人，千万别给我写战略报告，千万别乱提阿里的发展大计，谁提谁离开！但你成了阿里人 3 年后，你讲的话我一定洗耳恭听。

但在某些国家中的一些新兴科技公司，员工可以直接越级去找老大，只要你的建议有价值，有意义，有道理。就像谷歌创始人之一拉里佩奇所讲的：“我们也不知道谷歌的未来是在哪一个员工的身上，所以我们积极地去听取每一个员工的意见。”这不是简单的是否乐意听取员工建议的问题，它的背后还是思维方式与管理模式的问题。我们的管理模式植根于农业社会，顶多进化到工业时代早期：底下是不需要思考的农民或工人，上面是需要思考的老板或管理人员。

其实华为也好，阿里也罢，其结构级别总体来说还处在中世纪的圆桌武士级别，它是一种相对的平等。简单来说，只要你能坐到圆桌上，武士之间就是平等的；问题是你能不能坐到圆桌上，如果能的话，到时你看不出什么问题，提不出什么建议，反倒是一种失职。而西方公司就好比一个大圆桌，尽管几百人几千人未必都能围坐在桌边，但绝对可以随时上桌，彼此交谈，非常扁平化。

联系上下文，中国人的做法似乎更有道理。但如果从人的层面上看，美国人的做法更加科学。我们的大脑，难道不可以指挥我们任意一根手指？我们的手指受到刺激难道不是直接传递给大脑？不是非得先由大脑指挥臂膀，然后再经由上臂、前臂、手腕、手掌，直到传递给手指。

大脑不仅可以随意指挥任意一根手指，更重要的是，它可以让所有的手指之间，或者手指与手腕、手臂之间协同完成动作。人与人之间是这样，企业与企业之间也是这样。我们知道，美国是个军事帝国，国内有几大军火巨头，作为私营企业，它们必须看重并把持关键技术，但它们同时也有共享机制，以免整个科研体系在研发过程中，过多地做重复性工作，浪费资源。这种机制反映到民用单位就是，谷歌的安卓系统要付给微软不少费用，如此一来也就可以光明正大地利用相应的技术。这很重要，不仅对谷歌来说是这样，对全球的智能手机生产与研发企业都是如此。没有安卓系统，大家还做什么智能手机呢？

让资源无障碍流动是世界市场的难题，美国的资源流动性也会遇到很多障碍。而国内是怎么做的呢？明明是兄弟单位，而且都是国企，也可以转让，偏偏制造很多壁垒。

再往深里追究，中国式思维源于中国式社会，目前来看，我们处于一个信任成本极高的社会。一场民间借贷危机，一个 P2P 平台跑路，一桩疫苗事件，便足以摧毁诚信的最后一道防线。我们几乎都活在不信任当中：吃的怕有毒，穿的怕高仿，走路怕车撞，做生意怕上当，找对象怕整容……美国的信任成本相对来说较低，总统竞选，各方承诺，什么都敢说，说什么都敢信。姑且抛开对错与是非，我们不得不承认，他们的信任成本比较低。

虽然我们是个信任成本极高的社会。但总有些人会信任你，你也会信任他们。这些人里，有的是有资本的人，有的是有知本的人，也可能他既有资本也有知本。这些人可以与人相互合作，相互支持，相互服务，相互持股。在这里面，最受欢迎的往往并不是资本，而是知本。只要你的知本足够卓越，你跟所有的资本结合起来，未来的生活方式就是与一群志同道合的朋友，喝茶，聊天，游学，同时赚着钱。团队和文化的力量，实际上就是生产关系的变革。我们在实践之中，就是想要打造一个新的结构形态，让人和资源在平台上能够自由交互，产生一种完全不同于各自个性的新的经济物种。

团队和组织文化的存在是为了打造经济新物种

在实践中，我们一直在思考，大企业之间的协作是如何形成的。全球一流的科技企业都接受了新的管理模式，让自己的企业变成一种不断演化的、对于外部复杂环境形成自适应的系统。

在本节的示意图中，“知本共识机制”是一种简单到不能再简单的规则，但是我们相信，大道至简，简单的规则具备极其强大的力量。“知本共识机制”是一种规则之上的规则。著名物理学家杰弗里·韦斯特先生认为：不同个体对于简单规则的不断重复使用就可以产生复杂行为。

每一个人在平台上都是资源有限、能力有限的人，但是组合在一起，用共同的规则相互协作，让智慧和资源在互动中联合起来，就会产生更大的价值。聪明人结合在一起，交流并且合作，美好的愿景就会实现。

也有人问，这么简单的共识机制就能够产生奇迹？那么，没有人指挥的蜂巢和蚂蚁巢穴是如何建造完成的？文化和规则向来都是简单的。构建起价值系统的时候，看似复杂无比，实际都是基于极简的规则而已。

团队是建立在共识基础上的，人与人需要在互动之中进行协同合作，需要经过深度磨合，成为一个新型的网络型组织形态。所谓文化调频，就是将“能力很强，但是协作意愿不强的人”变成“能力很强，协作意愿也很强的人”。

在组织中，我们可以将每一个个体理解为一个细胞，细胞集合成系统。当系统是一个人的时候，就会产生智慧和思维方式。单个细胞不会产生人整体的意识。人与人结成的网络，就可以包容一个伟大的愿景。知本模式和投资者、创业者和企业家之间，在规则基础上组合起来，一群有智慧的人能够完成新的协作，就形成了一个“自组织”的系统。

规则很简单，却能够包容伟大的愿景。很显然，这并不是一个简单的基于资源互换与共赢同利运作的组织，它的重心在于通过资本与知本的对接让知本扩散，让资本思维与知本思维影响更多的人。

中国人也能够完成这种智力的集群式创造，知本思维就是解决人与人的智力协作问题。基于道德感和价值观结成的关系结构，做一群好人，通过群体形成信用背书，实现好人帮助好人，架构共同的信用基座，用一群人去影响另一群人，实现一个知本大协作的生态系统。

第三章
知本积累模式

我们的行动无非盲目行动与科学行动两种。王健林曾经说过一句话，“清华北大，不如胆大”，这是典型的第一代盲动主义者的思考方式。在改革开放进程中，特别是第一代创业者，他们基本上都没有太多理论框架，不懂经济与管理，没听说过市场营销，甚至没读过书。这样的人有不少成功了，其成功就得益于盲动。可见盲动也有其价值，但必须与快速迭代理论结合，战略上的迷失与重大事件的盲动绝不可行。

资本价值大爆炸的形成

这是个资本纵横的时代，也是个资本维艰的时代。很多资本烧着烧着，就把自己烧出了资本圈。能使资本增值的，能使资本价值大爆炸的，只有知本。知本是可控的烈性炸药。在资本与知本齐备的情况下，还要有一个能够同时驾驭这两者的人，也就是点火的那个人。一旦他出现，资本就很容易实现指数级增长。换句话说，我们可以不是最好的科学家，甚至可以不懂科技，但我们一定要知道谁是最好的科学家，他的成果能在哪里应用。

资本思维，简单来说就是用价值激发价值的思维；知本思维，则是用知识与智慧激发价值。资本大爆炸，通俗点说就是人们常常宣称的、希望的爆炸式增长，这当然离不开固有的资本，但如果没有知本，资本再多也难实现爆炸式增长。以炸药为例，你的炸药虽然多，但有可能是失效的炸药。或者说，有时候你炸不动市场，反倒把自己炸伤了。如果说资本是炸药，知本就好比雷管，能产生起爆能，同时兼具一定的安全性。

这是个资本纵横的时代，也是个资本维艰的时代。以生产鞋子为例，资本可以开足马力，扩建厂房，加装生产线，多雇工人，拼命生产，但是卖给谁去？别告诉我卖给从不穿鞋的土著人，讲这类故事的人不具备真正的知本。事实上，这个世界上的大多数人都不太缺鞋子。中国的鞋企一年就能生产几十亿双鞋。当你一双鞋也没有，或者只有一两双鞋时，它是必需品，是好东西，但当你有了十几双鞋时，再给你一双，你可能都不会要，因为实在太占地方。这是正常人的状态，这也是资本的状态。

反向思考，如果有人在此情况下发明了一种非常神奇的鞋子，虽不至于像童话故事中的魔鞋那般，但因为创新的缘故，它具备了消费者不能拒绝的新的理由，那么它就有大卖的可能，甚至有可能引发一场“行走革命”。在这里，最核心的东西，大体上就是科技，再往深处挖掘，依然是知本。

点亮资本大爆炸与科技树的，只有知本。而能够让一个寻常产品变得不可或缺、人人都想拥有的，除了资本与知本，还要有一个能够同时驾驭这两者的人。一旦这个人出现，资本就很容易实现指数级的增长，也就是资本的爆炸式增长。

驾驭这两者的人，可以不是最好的科学家，甚至可以不是搞科技的人，但这个人一定要知道最好的科学家是谁，他的成果是什么，能够在哪些地方运用，等等。马云是互联网专家吗？不是。刚开始他连上网都不会。但他看到互联网之后想到，如果做一个网站，让人在上面卖东西，是否可行？经过尝试，他成功了，有了傲人的资本与知本，但他依然不是互联网技术方面的专家。

所谓指数级的增长，简单来说就是随着时间的推移，增长越来越多，如1到2，2到4，4到8，8到16，16到32……以此类推，变为一个天文数字用不了太多步。例如小米，刚开始雷军也没多少钱，所以他找到了晨兴资本的刘芹，用刘芹的话说，雷军只用三点就说服了他，分别是价值、壁垒和性价比，其中又以性价比为重。刘芹举了明朝开国皇帝朱元璋的例子：朱元璋曾请教当时的大知识分子朱升，问他在当时形势下自己应当怎么办。朱升说：“高筑墙，广积粮，缓称王。”朱元璋采纳了朱升的意见，最终取得了胜利。

具体细节我们不讲，重要的是我们可以看到，类似朱升等战略大师讲出的话都极其简单，但都抓住了最本质的东西。这其实也就是我们前面讲过的“金手指”，一句话就给你指明了方向。小米无疑是有价值的，但让很多人不明白的是，它为什么卖得这么便宜？毕竟一方面雷军一个劲儿地说自己的企业多么有价值，一方面又把产品卖得这么便宜。其实很简单，小米卖得便宜，才能构建足够高的壁垒，最大限度地占领市场，挤压潜在竞争对手的空间，这是朱升所说的“高筑墙”的现实翻版，也是巴菲特的护城河理论。如果小米卖到苹果的价格，根本不可能像现在这样，在短期内实现指数级增长。所以，雷军对外宣称时，总说小米要始终做感动人心的好产品，要始终和用户做朋友，要始终坚持性价比。对内，也就是面对自己的投资人时，他则说：“我最郁闷的一点就是，所有人都跟我讲，小米手机卖得太便宜了，我觉得在这一点上我一点儿都不纠结。”

再讲点儿具体的战术。我们知道，小米的成功得益于背后有成千上万的“米粉”。这些“米粉”也是一步步积累起来的，但是因为策略得当，销售额呈指数级增长，最终推动了小米的飞速发展。最初小米找了100个三星用户，让他们改用小米系统，给他们报酬，让他们试用，不断提意见，不断迭代。这100个用户，围绕着小米手机构成了一个小圈子；然后圈子开始扩大，第二圈就扩大到了将近1万人，小米社区就形成了，雷军的饥饿营销也随即展开；到目前第三圈已经围定，号称有四亿至五亿人，这在中国也基本就到顶了。这个社区就是小米的生态，就是小米的提款机，小米无论推出什么新品都不愁卖，诸如小米净化器、小米手环、小米智能音箱、小米耳机等，小米无论进行何种转型、尝试，以及它乘着资本风帆并购来的那些企业及产品，贴上小米的商标就会有人买单，因为它的爆炸式机制已经形成，接下来已不是钱的问题，而是能否继续激发消费者需求的问题。知本思维做的事情，是一种更高维度的协同和围猎，正如图书《遥远的救世主》中描述丁元英的话：是魔、是鬼都可以，就是不是人。

经营到小米这种程度，就已经进入了一种无成本经营的状态。理论上说，它的每一款产品都有上亿消费者，假设它的成本是10亿元，这已经是非常高的投资了，但相当于每个人来说，成本只有1元钱，这是非常少的付出，中间有很大的空间。接下来再卖哪怕一件产品，其利润就是百分之百甚至百分之几百。小米产品如此，如果是软件系统就更加惊人了，除了最初的资本和知本投入，几乎不需要其他资源，只要有一个界面就可以了。这也正是为什么科技股容易被炒作的原因，因为它是知本的产物，而知本结合资本，很容易引领一大波的财富风潮，并带来显著的社会进步。

行动科学即知本

行动科学就是科学行动，科学行动就是不盲动。改革开放时期，有魄力的人，乱拳就能打死老师傅，乱打乱撞也能有所作为。资本富集时代，越是魄力大，越是盲动，败得越惨。时代变了，盲动主义者的思考方式也必须改变，不能为试错付出太多代价。知本思维跨越资本的时代来临了，您在吗？

所谓行动科学，我们在这里不妨把它颠倒过来，就是科学行动。行动科学离不开知本，因为没有知本，没有认知理论体系，就会盲动。

行动分为盲目行动与科学行动两种。在改革开放进程中，特别是第一代创业者，即下海者、弄潮儿的人，那些后来成为第一代企业家的个体户，他们基本上都没有太多的理论框架，不懂经济与管理，没听说过市场营销，甚至没读过书。这样的人有不少成功了，其成功就得益于盲动。后来这些人中又有一大部分失败了，如同坐着财富的过山车，眼见他起高楼，又眼见他楼塌了，失败也是因为盲动。

我们常用"没头苍蝇"来形容那些乱闯乱碰的人，其实有头苍蝇也是盲动主义者，也乱碰乱撞。科学家做过一个实验，分别把蜜蜂和苍蝇放在两个广口瓶里，两个瓶子一模一样，结果显示，蜜蜂在里面的死亡率是苍蝇的

2.3 倍。其实这两种昆虫都不具备对体系的认知能力，对于困住它们的广口瓶基本上一无所知，不知道出口在哪里。苍蝇被装进瓶子后会乱动，频率非常快，它疯狂地找出口。出口侥幸被它碰到，就逃出升天。但是蜜蜂不行，蜜蜂的行动是很科学的，包括去哪里采蜜，碰到同伴跳八字舞等，都是非常有规律的，所以它进入广口瓶后不盲动，按照自己的习惯试几次后，便趴在瓶壁上，再也不动，最后就死在了里面。

这就像改革开放初期那些除了勇气和魄力外什么也不具备的创业者，他这个不行，马上换另一个，试了很多领域，总有一个行的，因为那是一个需求大于供给的时代，多方尝试，总会撞到一个需求点，这也就是他的财富出口。另一些人，比如当时的国企领导，由于习惯了计划经济，一成不变，按部就班，最后连累个人与企业全部卡在了社会经济转型的瓶颈中，亏损的亏损，下岗的下岗。

如前所述，盲动也是有价值的。现代企业经营理论中有一个快速迭代理论，概括起来就是“发现机会赶快做”，没有明显的机会也要勇敢试错，失败了就找失败的原因，要失败就早点失败，经历过失败，兴许就能找到成功的出口。而一旦找到契机，就可以通过快速迭代，使产品与服务不断优化，与此同时占领更多的市场，吸引更多的粉丝。如果一味地等待万全之策，等待只有绝对利润没有风险的时机，别说完全没有这样的事情，就算有，也会被竞争对手夺取先机。

路演能力和从企业内部培养常态化投融资机构的训练

在培养企业内部专业的投融资顾问的过程中，我们注重于一个企业的路演能力，并且要求企业创始人能够参与路演训练。很多人将路演能力解读为演讲能力和口才训练，甚至吹牛的能力，这是一种误解。

实际上，很多企业都忙于日常事务，很少有时间对企业的目标和发展方向进行深入思考，不知道企业的使命是什么，对于市场、对于用户到底有什么样的价值，自己的企业对于资本市场而言值不值钱等，这些思考，都是需要进行梳理的。这些问题不解决，企业创始人和团队就是在闷头拉车，解决现有问题是不能产生十倍甚至百倍价值的，解决问题的本质在于在企业的外部构建一个更加强大的协作网络。

路演能力其实是一种整体推销企业的能力，企业应该拥有多层次的营销体系，不仅需要销售产品，也需要推销企业的资产和股份。将企业推进资本市场之中，需要企业创始人和团队成员具备出色的表达企业价值的能力。

至于演讲能力，这不是主要的问题，主要问题是企业创始人所表达的内容。企业路演的过程，其实就是对于自己战略目标和组织建设进行梳理的过程，这个过程是入心入魂的，比请一个咨询公司更有价值。这是投资人和企业创始人相互辩论价值的过程，这个过程有利于企业创始团队更好地认识自己所创立的事业。

大财务概念是现在高科技企业中一种通用的财务组织概念。财务不仅仅是公司结算的部门，也是企业在投融资方面的主要业务部门。这就对财务总监和财务机构提出了新的要求，要求财务部门从资本运营的角度进行深入思考，并支持企业执行先导性的投融资计划。用知本思维来统率企业的运营，思考企业和投资者之间的关系。

置身于竞技场中，具备自我表达的勇气，是对知本教练的要求。和那些一直坐在座席上的人相比，资本运营者需要主动站在舞台上向大众表达，让自己的核心价值变成大家都懂的愿景。起而行之是一种冒险，知本教练需要做敢于冒险的那个人。

训练，可以让人们变得理性；目标，让行动更有方向。今时不同往日，现在尽管依然需要，或者说更加需要盲动主义，但它必须与快速迭代理论相结合，战略上的迷失与重大事情的盲动是不可取的。

所以，不论是那些昔日因为盲动而取得成功的企业家，还是那些因为盲动始终走不出创业瓶颈的企业家，今时今日都应该学会理性，都应该科学行动，即使是盲动，也要以快速迭代为目标，在盲动中寻找机会，但不为试错付出太大代价。

举一个比较有意思的例子，这是我在网上看到的：江苏南通有位彩民，很幸运，没买几次彩票就中了500万元，交完税，还剩约400万元，然后又买了一套房，买了辆车，剩了接近300万元。这时有人给他出主意，你不能坐吃山空，咱们一起合伙，盖个度假村吧，挺赚钱的，你出资本，我负责给你经营。这位彩民一想可以，然后马上找了一块地，结果刚把地基打好，他的钱就花光了，工程连烂尾楼都算不上。为什么败得这么迅速？因为他根本没有相应的认知体系，不知道盖一个度假村需要多少资本，之前有所收获完全是彻底的盲动，纯粹是走“狗屎运”。古人说得好：“德不配位，必有灾殃。”一个人的知识、认知与智慧，应该与他的事业、福报等成正比，否则未必是好事。打个比方，有一张餐桌，它原本能承受几十斤的重量，在上面放上相应重量的酒菜饭食，就比较合适。但如果非要在上面压上一吨黄金，结果只能被压垮。但是，如果用知识和认知、德性等加固桌子，那么放上一吨黄金也不是问题，一来对有能力的人来说，韩信点兵，多多益善；二来聪明的人懂得有舍有得，有来有去，独乐乐不如众乐乐，一味地将财富压在自己身上，自己不堪重负，也就失去了财富的意义。

我们说，德不配位，道德是一方面，知识与认知也是很大的一方面。这里所说的“德”，是指厚德载物的“德”，是天德、地德、人德等。“规律”把握不好，别说做生意、做企业，做什么都做不好。

如何具体地运用行动科学呢？通常情况下，市场并不要求企业家具备所有的能力，能事无巨细地把握市场的每个环节，掌控整个产业链，但企业家必须明白自己是处在一个复杂的系统中，面对的是非常复杂的、遍及全球的供应链。如果你想开发其中的某个产品，就要以一个完整的行动科学为先导，必须在全球思维下展开合理行动，绝不能盲动。

这就又回到了前面所说的——你可以不是最好的科学家，甚至可以不是搞科技的人员，但一定要知道最好的科学家是谁，他的成果是什么，能够在哪些地方应用。先前的时代，懂得借力即可；现如今，我们还要学会借脑。乔布斯做音乐盒，就是一个不错的案例。如今三四十岁的人或许还记得，自己小时候有一种随身听非常流行，别在腰带上，放上一盘磁带，美妙的音乐便随时随地地伴随着你。乔布斯当时就想做一个数字化的音乐产品。但他同时想到，当时硬盘体积那么大，那么重，再加上一个供电系统，根本不可能做到像随身听那么轻便。但这个想法一直在他心里存在了 10 多年，直到 2000 年前后，索尼公司实现了技术突破——硬币那么大体积的硬盘便可以存储几百兆的内容。这时候乔布斯说，我的产品有希望了。他的音乐盒做出来后，一下子风靡全球，iPod 的全球销量高达数亿美元。这件事告诉我们，不要用现在的思维判断未来的事情。

苹果的其他产品也是如此，如果没有基础科学的不断发展，就不会有它从外围到内在的突破。乔布斯封神，苹果称霸，都在于行动科学或科学行动，都在于与全球的产业节奏、科技节奏、社会发展节奏等保持了一致，并适当超前。

知本确权和收益权

“为认知买单”，对于中国的很多中小企业来说，现在还不习惯。企业经营者不愿意为虚拟价值付费，而愿意为实物交易付费。实际上，真正值钱的都是人们抽象出来的权益。正因为抽象，才容易被忽视。认知必须转化为确权的资产，而后变成可以进行打包和切割的知本，才能够进一步转化为人们熟知的东西——知识资本。知本创造者能够享有丰厚的收益，并且能够得到法律的保护。

资本经济的本质就是信用经济和契约经济。人类从资本主义过渡到“知本主义”阶段，也是一种历史的必然。人是知识生产者，人本身就是价值的源头，尊重知识才能创造成果，才能将知识成果转化为资产，也才能将资产投入资本市场进行交易。对于知识产权的保护，成为资本经济的主要战略支柱之一。所有人都明白，知识创造者需要获得利益，否则就没有人愿意创新。一个真正鼓励创新的经济体，一定是一个知识产权得到妥善保护的经济体。

从近代英国开始，对于知识成果的保护机制已经探索了 800 年，伴随着整个资本主义的兴起和发展的历程。专利制度最早出现在英国。早在 1236 年，英王亨利三世曾颁发给波尔多的一位市民制作各种色布 15 年的特权，以鼓励市民的知识成果。这种制度为国王带来了少许的服务费，并很快在英国成为一种制度。西方国家探索了200多年之后，1474年，作为文艺复兴的大本营，威尼斯共和国制定了世界上第一部专利法，依法颁发了全世界第一号专利证书。

知识资本是一种观念资本，也是一种文化现象。当一个人认同知识资本的时候，他就会给出估值，并且进行交易；当一个人不认同知识资本的时候，那就是“天下文章一大抄”，认为创造出来的知识成果就是一个公共资源。“看一眼学个样子也是犯法”，对于没有知识产权的传统国家来说，这个要求太苛刻了。

中国已经迎来了愿意为知识付费的一代人，新一代的创业者认为知识资本在经过契约约定之后，他们就能够成为价值的拥有者。年轻的创业团队明白，自己拿出来的商业计划书，团队拥有的知识专利证书，在进行融资的过程中，每一件都是会被投资机构进行估值并且确定价值的。团队之所以能够在获得大笔的投资资金之后，还能够拿到主导性的公司股份，原因就是团队的知识资本已经得到了资本市场的承认，如果资本市场不承认这一点，交易就无法完成。

细想起来，每一笔创业企业投资的背后，都是一个知本被认可的案例。投资合同就是对于团队努力所取得认知成果的认定。

我们见过很多聪明的创意者，他们确实拥有很好的认知能力，并且发现资源之间新的连接关系。他们在和企业家聊天的过程中，对企业家进行了启发，企业家采取了行动，并获得了商业上的成功。这些创意者除了获得一个朋友之外，没有获得真金白银的回报。

企业家认为，想法很重要，但更重要的是行动，是经过艰苦的实践过程将商业价值呈现出来；创意者只是动了一下嘴皮而已，不值得来分享成果。而且，企业家和创意者之间没有任何合同，使用了创意之后，创意者也不会得到什么好处。所以，没有合同进行利益绑定的创意，对于创意者而言，价值等于零。

此时，知本教练的角色重要性就体现出来了。知识产出有一个严格的生产流程，不遵循这个流程的任何知识产出，不仅不会带来好处，相反会将创造者推到一个尴尬的处境：为了一个领先的认知，做了十年甚至数十年的努力，但输出认知的时候收益为零。

在这本书中，我们最重要的工作是如何将一个认知成果变成知本，然后变成一般资本，参与市场交易。有时候，是单一的知识成果专利的交易；有时候，是专利人和专利成果之间的打包交易；有时候，是专利人、知识成果和整个团队的打包交易。知本思维就是让知识资本化，让知识能够值钱，让脑力劳动成果也能够和实物成果一样，进行市场交易；通过收益权谈判，获得连续的收益。在实体资产领域，对于资产的确权和评估已经很完善了，但是对于知识资本而言，才刚刚开始。

未来的管理咨询公司很大一部分运营内容将覆盖知本向资本转化的环节。在知识资产的处理过程中，会产生更多的“工业化流程”，创业团队和企业作为知本拥有方，和货币资本主导的投资方进行价值对接的时候，需要更加专业的知本确权和收益权的谈判服务。

知识生产链也是一个长长的产业链条，按照市场规律，仅仅作为一个知识生产者，自己独立出去卖知识，很可能最后成为“卖炭翁”。实物生产需要无数零部件的组合，大家遵循共同的工业标准，在异地生产，在一个组装场景中进行组装，组装之后还需要经过系统性的检测，成为一个合格的产品。仅仅有合格的产品还远远不够，产品还需要有渠道，渠道还分优劣。任何一件产品都需要在合适的价值链上才能够发挥价值，用错了地方，相当于将产品直接送到废品站。

认知和知识如何转化为成果，同样需要经过系统性的运作。在知本确权及收益权框架设计和孵化过程中，需要遵循以下几个原则：

（1）知识成果，无论是科技专利成果还是企业内的商业模式设计框架等，都需要确定权利人。

（2）让知识成果拥有人和法人成为合伙人。知识成果只有在初步使用获得市场回馈的情况下，才能够进行量化分析，没有数据分析的直觉是不可靠的。知识运营团队必须将知识成果用于运营过程之中。收益权需要依靠企业价值的增长而增长。

（3）组建将知识成果价值最大化的运营团队。或者将知识成果导入价值最大化的现有的运营团队之中，选好领军者，让领军者一边干一边进行价值链整合，让成果和数据进一步关联。

（4）理想的方式是成熟的运营团队和知识成果的结合。初创企业的成功率较低，因为缺少资源整合的整体认知能力。如果知识成果和初创团队结合，则一定需要有知本教练的支持和导引。

（5）引入资本。当团队市场价值开始呈现的时候，资本就有了溢价收购和合作的基础。到了这个阶段，知本到资本之间的通道就打通了。

作为知本教练，在和企业一起成长的时候，需要培养一个从知本到资本的小生态系统。这种小生态系统在中国创新市场之中，是一个新的物种。知本服务和资本服务之间，虽然只有一字之差，运作逻辑却有巨大差异。这个资本领域的新物种，对于中国中小企业的知识创新，其实是有价值的。

有些知识成果并不是一个专利组合，而是一种商业思想的认知组合，这些复杂的知识如何转化为财富呢？恐怕需要为商业思想设计一个特殊的容器结构。将商业思想装进去，人就成为拥有商业思想的人，团队就成为运营这种商业思想的团队。

“基于大数据分析的个性内容分发模式”就是一种商业思想，这带来了一场内容革命。在中国持有同样想法的人可能有 1 万人，但是能够组建团队，将理念变成知本，将知本变成资本，北京字节跳动科技有限公司 CEO 张一鸣就做到了，他创造了 1000 亿美元的市值。从想法到资本的过程，是一个漫长的转化过程。知本教练就是设计这个长流程的价值发现者、策划人和服务员。

连接资源，瞬间聚集

普通人之所以是普通人，就在于他们的思考框架比较小，比较常规。比如有人想赚100万元，他通常会选择开店，然后日积月累，1年积累10万元，10年就是100万元。殊不知时间是最大的成本。对创业者来说，如果你想赚100万元，那你就要用赚1亿元的高度去思考；如果你想赚1亿元，那就用赚100亿元的高度去思考。对研发者而言，需要明确他的产品或技术在未来会影响多少人，是100万人、1亿人，还是50亿人？当然是越多越好。我们的思考框架也要尽可能大，越大越好。有了这个基础，你尽管左冲右突，一时冲不出去没关系，只要有资本注意到你，就会主动找上门来，强烈要求和你并肩作战。

中国的企业界有所谓“双林战略”，即万科的“丛林战略”与小米的“竹林战略”。

据说，当年万科副总裁毛大庆先后去过小米两次，交流中，他说万科实行的是丛林战略。何谓丛林战略？简单地说，过去万科一门心思做房地产，并且做到了当之无愧的行业老大。可贵为老大又怎样？老大在整个行业中占比不过2%，而且中国房地产市场的空间有限。所以毛大庆认为，万科好比高大的樟木，能长到30多米，但樟木的高度也有其极限，否则地下的水分和营养会输送不上去。因此，与其让万科的房地产业一枝独秀，不如建一片树林，横向拓展业务，比如物业和食堂。

小米的“竹林战略”又做何解呢？雷军告诉毛大庆，互联网行业更新迭代快，门槛低，新人多，危机伴随始终，而应对这种危机的办法就是竹林战略。小米的业务发展称得上闪亮，速度堪比自然界的毛竹，只要产品不仅仅是一根竹子，只要不断有新的竹子长出来，那就根本不用怕，小米不但可以不断地收割竹材，还能收获竹笋。所谓竹笋，就是附着在主营业务上的其他收入，比如小米卖的手机配件。所谓竹林，就是小米、红米、电视盒子、小米手环等多元化产品。小米一次次地充当价格屠夫，但对小米来说，单个硬件是否赚钱已经不那么重要，重要的是不断扩张自己的竹林，挤占竞争对手或潜在竞争对手的生存空间。

归纳起来，无论是竹林战略还是丛林战略，其核心都是产业链，都是生态系统，说到底都是与用户建立并维持可持续性的连接和交易。商业是人与商品的连接，产品与产品之间、人与人之间、资源与资源之间，也存在着各自的连接通道。有一种说法叫越连接越强大，互联网为什么会带来天翻地覆的变化？因为它可以连接产品与服务、买家与卖家、信息与数据、虚拟与现实。

连接的实质是积累，是获得。如果连接不能带来积累与收获，那么人们宁愿不连接。抱持小农经济意识的人通常不太注重与外界连接，甚至刻意回避连接。他们的发展模式无非一种：我想开个店，赚多少都是自己的，为了开这个店，我辛辛苦苦去打工，打工多年，积累下一些资本，然后开业大吉，每天赚一些，慢慢地成为一个小财主，再开另一家店，让自己的家人或亲戚朋友给自己看店；当然也有另一种可能性，那就是开店亏了的话，实在不行就接着去打工。

刘总是我的合作伙伴，也是一家三板挂牌企业的创始人，是一位我很敬重的实业家。他的企业主要经营钢丝脉络塑料复合管，是大中小型建筑用管道，最大的管径达到6米，平放一根管子，里面装修一下，就成房子了。产品有超长的使用寿命，这项发明获得了国家专利。

对于基建来说，产品是好的。用在很多国家工程上，在用户中的口碑也很好。企业运营效率也很高，但是瓶颈在哪里呢？

在谈及如何运营企业的时候，我们谈到了如何运用知本和资本综合思维来经营一个企业。对于刘总的企业来说，知本底子不错，产品相较于其他工厂来说，有其独特性。但是企业团队中没有一个战略级别的投融资人才，这对于企业来说，是一个节点的缺失。国家基建工程，要想参与进去，就需要产能，没有资本来支撑，这些业务的发展就很难。没有资产和资本管理系统，厂房这些不动产就很难放进资本包里。刘总对于用资本运作规则来运作企业的理念很认同。

对于刘总提出的问题，我其实是有感悟的。作为一名投资圈的人，每年看到类似刘总这样的企业不下几百家。当我们有意愿想要了解一下企业的运作情况的时候，却发现很难找到一个用知本思维思考的人。在三四线城市，这些现象就更普遍，很多实业企业缺融资渠道，又不知道怎么办。其实最简单的方法是，如果你的企业需要5000万元来发展，商业上的能力过硬的话，那就去找一个能够融资5000万元的人就好了。剩下的事情，就是执行层面努力的问题了。

创业艰难，失败在所难免。所不同的是，有些人失败之后再难崛起，一身账压在肩头，可能此生都还不清了；而另一些人，比如毛大庆、雷军，你能想象他们失败后去打工还债吗？就算是打工，至少也是给股份的那种。他们已经到了所到之处皆是资源的程度，就算他们自己不想继续作为，朋友们也会把资源送到面前：别气馁，你做某某事情吧，钱我给你拿来了……如果他们之前曾经刻意打造过自己的丛林与竹林，那么想他们一败涂地几乎不可能。一根竹子倒下去，不过是给另一根腾地方。由于资源众多，根基牢固，体系健全，他们可以实现资源的瞬间聚集。他们最理解人生苦短，所以绝不会浪费时间，在需要整合资源的时候，就会提炼出自己的项目与核心价值，连接所有的利益关系人，让所有的人来承载自己的理想，同时成就所有人的财富梦想。

胡玮炜是个很好的例子。上半年她还是个文艺女青年，每天写一些小文章，到下半年突然变成了摩拜总裁，到处接受羡慕的眼光。你说她有很大的本事吗？没有。但她有资源，她的老板马化腾其实从始至终都是摩拜的投资人，而且是非常重要的投资人。她有了想法，并且付诸了行动，然后包括腾讯在内的整个社会资源都开始向她集中，资本之路上，人们推着她往前走，她想退都难。她自己也很放松，动不动就讲自己干砸了也没事，就当作了公益。后来实在不想玩了，拿了十几亿元退出了，从头到尾都是所有的资源成就她一个人。

我们再看一个例子。

速看漫画，其创始人陈安妮是个生于1992年的小姑娘，原先是漫画师，后来做了个App，大家都听说过的“友谊的小船说翻就翻”就出自快看平台。用她自己的话说，“我不敢说我的创业之路有非常值得后人借鉴的地方，因为其中有很多幸运的成分”。这当然是一种谦虚的说法，不过这个世界也确实是这样，只要你提供一个点，实现占位，做一个App，并且让资本看到，以资本为首的社会资源就会向你涌过去，赶上天时地利人和的那个节点，一下子就爆发了。

类似的例子还有很多，很多年轻人都是因为把握住了核心，得以瞬间爆发，包括我们耳熟能详的那些，比如陈欧，比如戴威，也包括我们身边那些相对成功的人士，这里就不再浪费笔墨，一一列举了。

苦干不如巧干

不光是创业，干什么事都需要点执着精神，都离不开苦干与实干。而对创业者来说，最不可或缺的精神就是坚韧不拔。但在苦干的基础上，还要加上巧干。也就是既要低头拉车，也要抬头看路，同时不断思考脚下的问题、未来的出路，如此才能避免战略盲动，早一天步入正轨。

努力工作，辛苦奋斗，这是很多初入职场以及初次创业者的普遍想法。应该说，不努力、不奋斗是绝对不可行的，但仅仅是这样还不够。在苦干的基础上，还需要巧干。如果说苦干是低头拉车的话，巧干就是抬头看路。只知低头拉车，不知抬头看路，是最大的盲动与悲哀。

雷军在讲自己的创业经历时，说自己最大的感触就是自己原来只是埋头苦干，创业创得很累，后来他静下心仔细思考，终于想明白了，寻找到一些很简单并且容易赚钱的行业，那些利润小的项目便果断地砍掉了。前面我们讲过小米的竹林战略，其实小米一直在培养新的竹子，不断扩充自己的竹林，但也在随时思考，随时审视，不断地砍掉那些不盈利的竹子，或者掰掉有损于整个竹林生态健康的竹笋。一句话，选择大于努力。如果刚一开始项目就选错了，那就要学会止损。有些时候，刚开始错了但最后也能有所收获，只是中间的消耗实在太大。

柳传志在谈到创业时也讲过，创业者，尤其是一些传统行业的创业者，在创业时必须苦干加巧干，打出组合拳，尽量多想些小窍门。他讲了一个印度人的故事：有一个印度人在自己的家乡种果树与茶树，但因为家乡土质不好，种的树连颜色都不正常，是红色的，结果种了两年，亏得很惨。但他不气馁，而是研究起了土壤，他想这种特别的土壤兴许含有某种矿物质，经过化验，验证了他的猜想。于是他不再种植经济树，而是专门贩卖这种土，从而获得了第一桶金。后来，他不断创业，凡事以智慧为先导，终有所成。

当今社会是信息社会，每个人每天接收的信息量大得惊人，太多的信息充斥在我们身旁，人们的思考能力却越来越退化。这是件很可怕的事情，对创业者来说尤其如此。不知道大家有没有这样的感觉，事业干了很多年，创业创了很多次，蓦然回首，却忽然找不到人生的方向了。归根结底，这是因为我们始终在盲动，没有科学指引的行动真的还不如不动。因为不动的话，我们至少可以像普通人那样，过正常生活。而若是盲动，虽然兢兢业业，如履薄冰，但身体被掏空，父母妻儿关系疏远，周围人的关系也很紧张，要么是累得躺下就睡，要么是愁得怎么也睡不着。

这里所说的巧干，不是走捷径，甚至也不是真正意义上的巧。比如用筷子吃饭，相对于不会用筷子的人来说这是巧，但它实际上应该是基本功，谈不上巧。一定要说评价的话，只能说那些不会用筷子的人笨。我们说科学行动，就是用行动科学来代替苦干，前提必须是学习。很多创业者反复创业失败，活得很苦，为什么？因为他们在这个新时代始终用旧逻辑做事。

最近几年，企业界存在着实体企业与电商相互冲突的现象及孰是孰非的争论。

电商和实体经济的冲突成了当下的难题。如何解决这个难题，使互联网拥有更好的口碑和服务是今后互联网公司努力的方向。一方面，实体制造业不景气，原材料价格疯涨，辅料价格也水涨船高，运输成本上涨，人工工资也要涨，价格上涨又为下游企业如家电、消费电子、机械等行业带来成本压力。大家都在喊控制成本，但成本岂是那么容易控制的？过多地控制成本其实是一种找死的做法。内需乏力，出口没有起色，很多中小企业要么倒闭，要么面临转型与行业大洗牌。与之相反，以淘宝为代表的电商却做得有声有色，随之而来的就是不断的质疑声。有人说：中国的制造业就是被淘宝带"沟里"了，因为在阿里巴巴集团对实业的大力冲击下，很多企业都不得不进行"价格战"以提高销量，从而导致市场混乱，淘宝假货泛滥。有人甚至疾呼：实体经济才是国家的顶梁柱，破坏实体经济的就是罪人！

的确，没有实体经济是不行的。但是，没了马云和阿里，还会有贝索斯与亚马逊；没有了电商，还是会有假货，还是会有各种新技术、新业态、新模式来冲击传统实业，也冲击人们的生活。所以，反对互联网经济不仅毫无意义，也不理性。互联网是把"双刃剑"，当下的方向应该是互联网与实体经济进行适宜的结合。能够击垮电商的只有消费者，但消费者轻点鼠标就能购买自己需要的东西，他们为什么要去击垮电商？

一句话，创业无畏，但埋头苦干，不如改变思维，怀揣知本抬头巧干。在这个时代是这样，在未来也如此。

分享者赢未来

分享是一种境界，也是一种行动科学。所谓金融，不过是把钱融进来又散出去。我们必须学会融资，同时必须学会散钱。因为钱聚人散，钱散人聚，人生有时候就像存钱罐，只进不出，最后钱聚够了，也被敲破打烂了。分享未必得人心，但不分享肯定不得人心。

赠人玫瑰，手有余香。这句谚语形象地说明：哪怕是分享诸如一枝玫瑰这样简单的东西，它的芬芳也会在赠花人与被赠人之间传递，在给双方带来精神上的快乐和享受的同时，拉近彼此之间的距离。武侠小说大师古龙也说过："快乐是件奇怪的东西，绝不因为你分给了别人而减少。有时你分给别人的越多，自己得到的也越多。"表面上，他说的仅仅是快乐，事实上也包括那些使人快乐的东西，比如物质财富。

有个成语叫"争名夺利"，数千年来，古今中外，有多少人是以它为座右铭的。只不过有些人争得高尚，有些人夺得卑鄙。还有个词叫作"争取"，大家都在争取，都在力求达到目的，只不过有些人为了得到总是求诸正道，而有些人为了得到不择手段罢了。

"千金散尽还复来"，这绝不只是一种浪漫，它还是一种哲学。世界上最痛苦的事情莫过于做人人痛恨的守财奴，世界上最幸福的事情则莫过于既有钱又有人还有情。我们必须学会聚钱，同时必须学会散钱。

近年来，很多企业家都在谈合伙人制度。合伙人制度的核心就是分享，只要你能分享，并没有多少人在意你分享的是股权还是红利，也不会太在意你分享多一点儿少一些，就怕你只分享理念不分享实利，空许承诺，让人憧憬很久，最后寒心。

在商言商，一个商人不能不思考赚钱。但李嘉诚说得好："人要去求生意就比较难，生意跑来找你，你就容易做。那如何才能让生意来找你？那就要靠朋友。如何结交朋友？那就要善待他人，充分考虑到对方的利益。有钱大家赚，利润大家分享，这样才有人愿意合作。假如拿 10% 的股份是公正的，拿 11% 也可以，但是如果只拿 9% 的股份，就会财源滚滚来……"

分享无疑是一种最好的建立人脉网的方式，你跟他人分享得越多，你得到的就越多。世界上有些东西是越分享越多的，比如智慧，比如知识，比如思想。当你懂得跟自己的朋友分享利益，一方面你的朋友会感谢你，另一方面他会感受到你的真诚，并愿意跟你做持久的朋友，做持久的生意，推动你生意兴隆，财源滚滚。这就好比一家小饭店，饭菜质量好，另外出来几个优惠的政策，顾客就会觉得这里挺实惠，人们来了还愿意再来，并且愿意向自己的朋友推荐这家饭店。

中国人喜欢说"舍得"，这两个字看似高尚，其实不然：如果没有后面的"得"，还要不要"舍"呢？对此，很多人是非常纠结的。但这又无可厚非，只要"舍"得光明，"得"得正大，我们大可不必理会他人的闲言碎语。

很多人都听说过洛克菲勒家族当年资助建联合国大厦的故事。联合国是世界反法西斯战争胜利的产物，但它成立之初，却遇到了诸如缺少办公场所、缺少资金等问题。就在这个刚刚挂牌的国际性组织几乎就要流产之际，早就关注此事的美国著名财团洛克菲勒家族突然宣布：该家族已经出资 800 多万美元于纽约州买下了一块地皮，愿意将它无偿赠送给联合国！消息传开后，举世哗然，不少人认为洛克菲勒家族这是沽名钓誉。其实他们不知道，与此同时，洛克菲勒家族斥巨资在这块地皮周围买下了更多地皮。联合国大厦刚刚竣工，这些地皮就迅速升值，洛克菲勒家族很短时间内就赚了数亿美元的财富。

分享很多时候是一种境界，但就事论事，分享也是一种行动科学。举例来说，早在几年前，特斯拉 CEO 马斯克就把特斯拉所有的专利公布出来，免费供其他企业使用。他为什么要这么不计成本地分享自己的专利呢？因为他清楚地知道，自己最大的对手并不是电动车厂商，而是世人的观念，以及传统的汽车厂商。他早一点把相关专利释放到社会上去，他的电动车生态就得到了巩固，在整个电动车生态里，他始终是领先者，同时也势必会是最大的受益者，那有什么好敝帚自珍的呢？

安卓也是如此，它一直是免费的，潜在竞争对手没必要去开发竞品。没有竞品问世，自然谈不上竞争与替代，它便是永远的王者。围绕着安卓系统，人、企业、产品、服务会越来越多，最后所有人都离不开它，它随便取些收益，也就非常可观了。有人会说不会吧，难道以后会收费？这是肯定的，因为任何分享理论上来说都应该是有限的分享，不该是无限分享。无限分享是馈赠，而有限分享，所有权始终在自己手里。分享者必须收放自如，必须知道分享只是一个环节，不是目的，目的在于通过主动分享捕捉价值。我们经常听说某某网络公司烧钱数亿元，最后实在烧不动了，企业只能倒闭，主要就在于它们盈利模式不健全，只有分享的环节，没有反馈与回路，而这是在实践当中，或者说是在实践之前就必须注意的。

第四章
知本教练

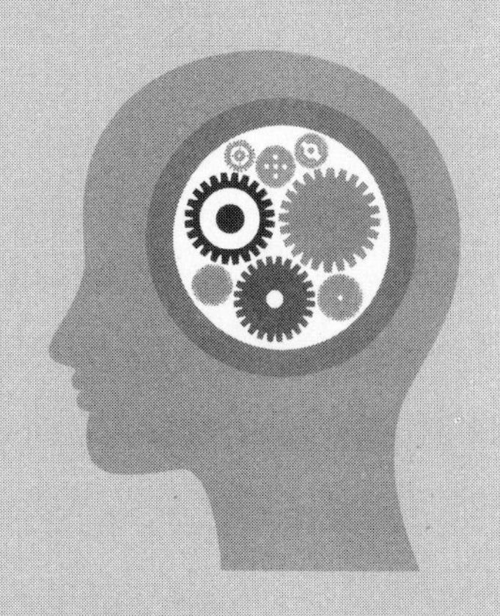

“破山中之贼易，破心中之贼难。”其实对绝大多数人来说，心中之贼就是贪婪与恐惧，而且两者往往是一体的，用老百姓的话说，就是既想吃肉又怕烫舌头。这是人性最大的弱点，要想克服它们必须有足够的胆略，而胆略就来自于知行合一以及不断地实践。

体悟式学习模式

体悟是相对于领悟而言的。但领悟需要极高的悟性，不可多得。个人领悟力的高低决定一个人知识的多少和智商的高低；反过来也成立，即知识与智商决定个人领悟力的高低。而体悟由于有亲身感受做基础，因此很容易入手，并让人印象深刻。另外，体悟式学习是一种训练模式，时间久了，也能提升个人领悟力。

体悟式学习模式又称体悟式训练模式，它是应个人与企业发展的需要，为迅速提升个人或企业素质而打造的一系列特色课程。比如很多人都参与过的团建活动。

体，简单来说就是亲身体验，无须过多解读。

悟，本是中国古人尤其是佛家重要的思维手段。比如禅宗，它主张不立文字与顿悟，讲究单刀直入，乃至当头棒喝，因此特别强调直觉、暗示、感应、联想与反思在学习中的作用。

这里有必要讲一个禅宗的公案：

在日本，一个叫柳生十兵卫的年轻人拜“剑圣”宫本武藏为师学艺。柳生问宫本："师傅，以我的资质，要练多久才能成为一流剑客？"宫本说："至少也要10年吧！"柳生说："这么久？假如我加倍苦练呢？"宫本答道："那就要20年了。"柳生一脸疑惑，又问："假如我晚上不睡觉，夜以继日地苦练呢？"宫本说："那就必死无疑，根本成不了一流剑客。"柳生非常吃惊。宫本解释说："成为一流剑客的先决条件，就是必须永远保留一只眼睛注视自己，不断反省自己。现在你两只眼睛都盯着'剑客'这块招牌，哪里还有眼睛注视自己呢？"柳生听后顿悟，依宫本所言，终成一代名剑客。

苦练10年，这就是体，不经过10年苦练，只钻研剑术就能成为一代名剑客，那是武侠小说中才有的事；但这10年并不只是苦练，同时还必须不断反思，自己哪里需要调整，哪里需要完善，哪里必须摒弃，等等。

不仅如此，练剑的过程中还要练心。除了上面提到的大众意识层面的"反思"，还有专门的训练。比如，为避免年幼的徒弟胆小，临阵畏敌，师傅会经常带着他们到诸如刑场、墓地或荒宅中去做游戏，甚至让幼童在夜间一个人去刑场。

这听起来有些可怕，但本质上是为了破除"心中之贼"。日本在古代曾受中国文化影响，王阳明在日本的影响力甚至比在中国还大。王阳明说，"破山中之贼易，破心中之贼难"，心中之贼就是人性中的恐惧，破心中之贼也就是破除自我怀疑与自我恐惧。"破心中之贼"必须要有相应的胆略，而培养胆略唯一的办法就是历练。

可以说，凡是教有所成的老师，或者学有所成的学生，体悟式学习的执行、应用都不会太差。"体悟式学习"这个词问世很晚，很多人可能没有听过这个概念，但生活中的很多事情其实早已暗合了它的理念。比如孔子，他早有"学而不思则罔，思而不学则殆"的思想，学和思的过程，学和思的结合，思中学，学中思，不就是古代版的体悟式学习吗？

体悟式学习模式，旨在通过实践，让人们从心灵深处有所触动，有所突破，从而实现思维与意识的转变，学会使用系统性思维，提升学习力。如果是一个团队，还可以增强团队精神，提高忠诚度，增强凝聚力、创新力等。它就像一面镜子，直照人心，让人可以发现自己的不足并立即修正。人们可以在认知与实践的基础上，将实践与理论进行有机整合，促成身心的全面融合，形成实实在在的“自己的东西”。

体悟是相对于领悟而言的。所谓领悟，是指所接受的东西是理论性的、非实际的。有些事情，世界上或许并不存在，或者虽然存在但目前还不为人类所认知，但通过思考，通过想象，通过智慧的思辨，也能够对其有所了解，甚至从中产生一种新的理论。所谓体悟，是指所接受的东西是物质的，或者说是物质与精神相结合的，刚开始接触它们时人的思绪是杂乱无序的，只能深入其中，亲身感受，然后从中理出头绪来。客观地说，领悟也非常重要，而且就思维中的深浅层次来说，它比体悟更深一层，个人领悟力的高低决定了一个人知识的多少和智商的高低。然而，这样的领悟力是不可多得的，甚至是可遇而不可求的。那么，退而求其次，普通人就更应该在体悟上下功夫了。

我举一个实践过的例子：

市场中存在一个现象，很多领域都是一个胆子大的人领着一群不懂的人在狂奔。在这个变革的时代，大多数以前利润高的行业都在被颠覆，面对变局，多数人都是迷茫的，结果胆子大的人，因为原来胆子大受益过，愿意站出来再次大胆行动。他们又有一些影响力，所以很多迷茫的人便紧紧地追随，即使发现不对劲，也没有太好的办法，因为谁都不知道该怎么做。金桥国际有个“合能资本体验研习营”，这个研习营是把知本教练们十几年的经验积累、从想法到实践的过程、从每个人的反应到企业的各种状态，让经历过的人针对每一个需要的人或企业进行精准辅助。通过不断复盘及10年的不断精进过程，总结出一套行之有效的系统，受益的学员自发地组织起来，让我统一分享给大家。以实战演练的方式，体验式训练，实现让别人提升10倍效率。以往，企业家都是用投资金钱和团队进行探路尝试，在尝试的过程中，决策失误造成10年努力付诸东流的事情太多了。在身边这样的例子不胜枚举。用几天时间，改变观念、技能和协作方式问题，就能够避免再走弯路。这是“合能资本体验研习营”这种自发活动得以产生和延续的原因，当一个群体中的人开始通过新的工作模型展开工作，就会让更多的人受益，形成正能量循环，相信这也是大家所期待的。

向导式教练：极速奔跑，然后折回

教学生之前，老师要先备课；带学员之前，教练要先掌握；做向导之前，首先要做个游客……所谓向导式教练，简单来说就是吃苦在先：把别人要吃的苦先吃几遍，把别人要走的路先走几回，把别人要经历的难关先闯几遍，把别人要解决的问题先解决掉。这不是什么高尚，而是知本教练应该做到的，也是他的价值体现。

前文中，我们已经讲过知本教练的重要性，指出资本实战中需要的是有实践经验又能手把手教人、带人的教练，而不是空有理论的所谓“导师”。

那么，何为向导式教练？很简单：像向导一样，在带队之前先到要去的地方跑一趟，然后折回来，再带着你的伙伴或团队去。

我自己就是这样实践的。

2018 年秋天，趁着朝鲜半岛局势缓和，金桥国际组织学员，在中朝边境的延边组织了一次游学活动。在著名的鸭绿江大桥，我遇到了挑战。当时我们几个人从桥这头往中间走，众所周知，桥中间为国界，随便过桥肯定不行，有的人甚至说，只要你敢跨过一米，朝鲜的边防军人马上就会上前阻止。害怕出现安全问题，我们刚刚走了一段，远没到桥中间，有几个学员就说要往回走。这不是怕事，而是万一真的有事了，没有意义。但我坚持往前走，还带着大家走到了桥的中间，才折返回来。有人说，你这不是拿大伙儿的安全开玩笑吗？其实他们不知道，这里有个导游，他每天都要在桥上走好几趟。所以做事情要和经历过的人合作。他可以减少你摸索的时间，还提升效率与效益。

要是有危险的话，教练先有危险，这不是什么伟大，这是他的职业需求。

接下来，我们在附近一条河上组织了漂流活动，当时正值雨季，漂流的河段水大流急，很多人害怕，但我依然像在鸭绿江大桥上那样，坚持带着大家体验了一把。结束后很多人都说很刺激，也很安全，并说这样的活动以后要多组织几次。他们依然不知道，在带他们漂流之前，我带着几个骨干成员，进行了多次预演并准备了各种应急措施。

吃苦在先，这也不是什么高尚，而是身为知本教练应该做到的。

如果说教练思维是一种哲学，那么向导式教练思维则是一种能落地的、形而下的哲学。每一个人都是内在完整的、智慧丰盈和富有创造性的。这并不完全是假设，我给很多人当过教练，经常被他们身上所闪耀的人性的光辉所感动。人是完整的——只有当人遇到问题，尤其是面对那些难以解决的问题时，才会显得不完整，才需要教练去帮他们解决问题。而合格的教练，不仅有行业赋予他的独特的思维方式、处理问题的方式，而且他本身也要尽量完整。试想，一个自己混得一穷二白的人，怎么可能取信别人？

这些年，我基本上都在遵循这种思路，创业也好，培训也好，合作也好。这种思维已经渗入我的潜意识，体现在生活中的方方面面。比如我们游学的时候，不论到哪个城市，玩也好，吃饭也好，我都能够找到当地最有特色的景点和美食，也会在过程中侃侃而谈。很多人很吃惊：你怎么知道这个景点？你怎么知道这种小吃，而且看起来还很内行？其实我事先都做过功课，有时会直接跟当地人聊，有时会找当地的朋友咨询，至少也会上网查查相关资料。

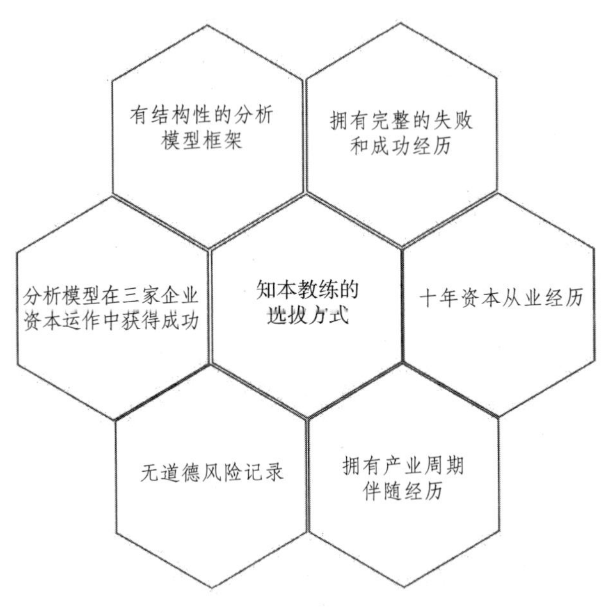

图7　知本教练的选拔方式

常言道，轻车熟路，又说驾轻就熟。人们也都希望如此，希望自己甫一介入某一领域就能成为专家，轻松赚钱，优哉游哉，而很少有人愿意做探路者，也不能够了解探路者的乐趣。所谓“先天下之忧而忧，后天下之乐而乐”。这是有因果关系的。走在前面，才有可能欣赏领先一步的风光。走在前面，才不容易被别有用心的人或者被一无所知的环境左右。

也有人说，走在前面，还可以像做游戏似的，把学员像小鸡似的摆放，想放左边就放左边，想放右边就放右边，因为你懂而别人不懂，别人就是菜鸡。其实不然，一来知本教练与所有人一样，都需要不断提高自身修养；二来现代的中国企业家有极强的能力与独立人格，内心强大，有能力解决自己的问题，同时也有很强的学习能力。知本教练面对他们，不能居高临下，也无法居高，准确地说应该是相互学习，共同靠近。

所以，这些年我在不断学习，不断探索，以便在别人讨教时有所教人，同时也在不断归零。因为我深深地知道，相比做他们的教练，更重要的是帮他们找回那个本来完整强大的自己。可以说，每个企业家都是一座高山，都有独特的风光。我可以走遍现实生活中的千山万水，但如果不够真诚，就走不进他们的心，也无法体会其心中的丘壑。而想要走进他们的心，首先要做的就是找回自己。

走在趋向使命的路上，一刻也不能分心，不能偏离方向。而知本教练的使命，就是想办法成全或成就那些怀着崇敬之心来求教的人，必须时时刻刻保持诚意，这是最基本的戒律。我深深地知道，在这个时代，这些被称为“企业家”的人，他们都是社会的中坚，是最可爱的人，但同时也是承受压力最大、伤病最多的人。我希望可以与他们同行，一同看着中国的商业秩序迁善向美，从而正向推动社会生态的发展。

胆略来自熟练

人们喜欢用财富来划分阶层，如平民、中产、富豪等；其实用胆识来划分也可以，因为每个阶层都有每个阶层的胆识，普通人的魄力很难大过他所在阶层的魄力。所以，胆识有时比见识更重要，很多人见识很高，知识也很完备，其他方面的条件也有，但就是胆识差些，于是总与大好机会失之交臂。其实，胆略来自熟练，人要多尝试，只有突破自己的思维模式，才能超越自己的阶层。

汉语中有个词，叫“艺高人胆大”，它包含两个内涵：一是激励人们要好好磨炼技艺，达到出神入化、游刃有余的境界，只要到了那种程度，就会自信从容，无所畏惧了；二是鼓励人们要勇敢，要大胆地运用自己高超的技艺，不然练它干什么？

古典武侠小说中最喜欢用这个词，真实历史上也不乏真人真事。比如，长春子丘处机，他虽身处乱世，但同时为南宋、金朝、蒙古统治者及广大人民所敬仰，并因74岁高龄时远赴西域劝说成吉思汗止杀难民而闻名。我们知道，这可不是旅游，而是有生命危险的。成吉思汗是谁？一生气的话，后果是很严重的。可丘处机为什么要去？为什么敢去？艺高人胆大，武艺自不必提，作为一个修行人士兼全真掌教，他每天做的事情就是教导门人与世人止杀爱人，经验纯熟，方式多样。面对成吉思汗时，他就是以“养生之法”诱导，劝说一心求长生之术的成吉思汗“敬天爱民”“去暴止杀”“济世安民”。谁不想成仙呢？再不济多活些日子也是好的，成吉思汗当即下令今后对汉人百姓减少杀戮，改以招抚为主。尽管对象仅限于汉人百姓，仅仅是“减少杀戮”，但丘处机这一句话，已经是功德无量。

还有一个故事。丘处机还有一个师弟叫王处一，人称“铁脚仙人”，他隐居烟霞洞9年，经常临危崖跷足而立，数日不动。这当然也是艺高人胆大，而为了修炼这双铁脚，他曾经整日赤脚行走于砺石荆棘，不只练脚，还练腿，方法就是在沙石中长跪不起。这既是武道的法门，也是全真一派修行的法门。再说丘处机，他的苦修法与王处一不同，他是昼夜不眠，搬着石头来回上山下山。如此苦修，怎么能不精进？

我们发现类似的例子不少。著名的戴尔·卡耐基曾经说过，演讲者必须要有这样的心态，即面对你的听众，要有所有人都欠你钱的感觉。这是个不错的理论，但仅仅知道这点还远远不够，有的人面对“债主”就是硬不起来，所以还得训练，训练的次数多了，功夫深了，自然就会有舞台上的潇洒从容、妙语连珠。

不妨举一个我身边的例子。

我有一个女性朋友，她的父亲以前是某市常委，算得上高官。这样家庭出来的女孩子就跟我们完全不一样，她从小就是舍我其谁的心态，并且将自己封为“女神”。其实长得很一般，甚至可以说有点丑，但她就是觉得自己自带光环。就像网友说的，这种身份的女孩就算不是女神，但至少从小就是当女神来培养的，她自负为女神，世人也觉得合情合理。

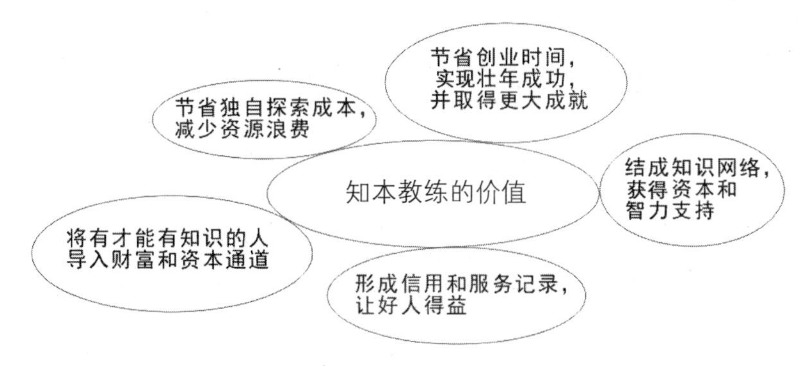

图8　知本教练的价值

这里的自封也好，自负也罢，都可以视之为一种胆略，这种胆略来自熟悉与熟练。

现在人总以财富划分阶层，其实用胆识来划分也可以，每个阶层有每个阶层的胆识。胆识有时候比见识更重要，很多人见识很高，知识很完善，也有条件，但就是胆识上差些，所以总是与大好的机会失之交臂。

大部分人，从出身上来说都是相对不那么幸运的人。他的生活赋予了他的认知与胆略，改变认知就已经够难的了，而突破属于自我阶层的胆识，就更加不容易了。

比如，今天我们与其他人合作，未来的赢利空间很大，但在谈判过程中可能要请客吃饭，送点礼物，各方面应酬打点，可能需要 5 万元。假设我们自己身上只有 10 万元，我们就会想，光这些就需要花 5 万元，如果这钱白花了怎么办？如果我们有赌性，可能会赌上这一把，但也会提心吊胆。而如果我们没有赌性，可能就会犹豫， 5 万元在一般家庭可不是个小数目，我辛辛苦苦好多年才攒下的，就这么砸在一件不确定的事情上，钱花了事没成怎么办？那这些钱是不是我给自己的父母更好？其实不办这件事也未必会把钱给父母，但很多时候就是这种逻辑，人们没办法突破自己的思维模式。而如果是一个习惯了这一套的人，如大公司的高管，哪个公司每年不得有一笔可观的公关费用？他们当然也会权衡，但绝不会像前者那样瞻前顾后。

关于陶朱公范蠡的故事，这是个大家都熟知的故事，在这里我们再讲一遍。

范蠡的二儿子在楚国杀了人，按律当斩，范蠡派小儿子去，准备用千两黄金买一条命。大儿子不高兴了：难道是看不上我这个长子的办事能力？夫人也劝，应该让大儿子去，他勤奋俭朴，办事周全；小儿子吃喝玩乐，不学无术。范蠡没办法，只好派大儿子去，结果却间接地害死了二儿子。因为范蠡知道，大儿子从小跟着自己艰辛创业，知道钱来之不易，所以在钱尤其是大钱出手时不可能痛快；而小儿子从小娇生惯养，根本拿钱不当钱，别说千金，就是再多点儿他也不会心疼。

前面也曾讲过，“破山中之贼易，破心中之贼难”，对于绝大多数人来说，心中之贼就是贪婪与恐惧，而且两者往往是一体的。用老百姓的话说，就是又想吃肉又怕烫舌头，这是人性最大的弱点。想克服它们必须要有足够的胆略，而胆略就来自熟练，也只能来自熟练。一件事情，你熟练了，你把握它的变化规律了，才会自信，才不会自我怀疑。一个人，光有认知是不行的，认知其实是跟胆略连在一起的。没有足够的认知，我们会被无知控制；而没有足够的胆略，恐惧就会伴随我们终身。我们害怕这，害怕那，其实都是恐惧在控制一个人。大部分人不能有所成就，大多是因为被自己的固有思维所禁锢，并且不敢做哪怕是合理的尝试与试错，因此也就不可能有所突破了。

利他产生驱动力

最愚蠢的人，是只想自己受益，希望别人倒霉的人。不论多好的关系，哪怕是亲人，只索取，不付出，时间久了也会让人不堪重负，众叛亲离。人生智慧，就在取舍之间。“取”不要紧，但不能总是单方面地“取”，要与“舍”形成和谐互动。想把事业做大，就别把自己放在中心。懂得利他的人，没有什么是不能发扬光大的。

与前面讲过的分享一样，利他肯定是既对他人有利，也对自己有利，一件事情如果绝对利他或者绝对不利己，这样的事情肯定推广不下去，强行推广也不会维持太久，因为缺乏内在驱动力。

社会学家和社会心理学家们很早就对利他行为展开研究，公认的看法是世上不存在无缘无故的爱与恨。表面上看，利他行为是对别人有好处而对自己有所损失，但其实出发点还是为了赢得一个和谐合作的环境，以便更有利于自己的生存与发展。脱离了这个前提，也就不会发生利他行为了。比如自然界中，同一种群的捕食者之间会有彼此的利他行为，如狼群、狮群，但狼群、狮群肯定不会对自己的猎物如羊群、鹿群有利他行为。还是那句话，缺乏内在驱动力。

生物学家达尔文指出，经过自然选择的过程，有利他天性的生物的物种更容易留存下来。例如，母斑鸠在看到一只狼或者其他食肉动物接近它的孩子时，会假装受伤，一瘸一拐地逃出巢穴，好像翅膀折断了一样。这样，食肉动物就会冲它而去，希望进行一次比较容易的捕食。一旦母斑鸠将敌人引到安全距离外，它就会飞走。这种策略常会成功，但有时也会失败，失败的话就会被吃掉，它虽然牺牲了自己，却保护了它的孩子，并且保护了整个物种。

人类会思考，并且会反向思考：如果我对猎物有利，猎物是不是就会喜欢我？据此，人类驯化了狗，让狗为自己打猎、看家。人类也驯化了羊、猪，认真细心地喂养它们。人类也发明了一个词，叫作化敌为友。如何化敌为友呢？利他是最好的办法。

总把动物与人类放在一起讲，让人有些难为情。不如讲讲神仙与人类的事情：《西游记》中，观音收服了红孩儿，让他做善财童子。所谓善财童子，就是散财童子，发钱的，谁不喜欢呢？如果不是这样，恐怕人们一时间也接受不了他身份的巨大转变？

总之，真正的利他主义是不存在的，一切利他行为都有着内外部的利益关联。目前被认为的那些所谓纯粹利他现象，只是研究人员尚未寻找到其根源罢了。人们常说助人为乐，这已经是很高尚了，但不是还有个“为乐”吗？如果助人非但心理不愉悦，还很郁闷，还会有人去助人吗？当然有，世上总有境界高的人，但这毕竟不是普遍的人性。

某读书会这几年很火，我们在这里剖析一下它发展的内在驱动力。

某读书会是会员制，每年大概300多元的会员费，目前已经有近400万会员，并且还在不断发展中。有的人一看，哇，这么多人，一年会员费近12亿元，掐头去尾，也能剩下10亿元，这家企业发了啊！我赶紧也做一个读书会，会员费要便宜些，切点蛋糕……但这样的人永远做不起来，因为他想到的只有自己，他没想到这家企业也是要给员工开工资的，也是要给合伙人分成与提成的。当然，分完之后，而且是分享之后，留给这家企业的利润依然可观。这家企业的激励机制非常有吸引力，前面说过一个会员每年的费用是300多元，这家企业只收90多元，剩下的200多元全给业务与合作伙伴，自己赚小头，把大头留给开发市场的人员。他们在东北的一个县级市，竟然挖掘出了3000个读者！是那个地方的人天生爱读书吗？肯定不是。是这家读书会推荐的书比较特别吗？也未必，它们的书籍也并非经典。只是它的机制好，机制产生了驱动，在想象不到的地方创造了可观的效益。表面上看，由于这家企业只拿部分利润，好像白白损失了很多钱，但反过来想，实际上企业什么都不用干，就拿走别人辛辛苦苦创造出来的三成利润，岂不轻松？

很多人之所以做不到这一点，在于他们从一开始出发点就不对。这家企业则说，我们的激励制度的设置，成就了读书会，也成就了无数人成为百万富翁，这就够了，这就是格局。

比如知名学者王璞也深谙此道，他创办的北大纵横管理咨询集团迄今已有20多个年头。原先它就是一家咨询公司，单打独斗，做一个项目，收一单费用。后来他发觉这样永远做不大，于是开始寻找合伙人，目前已经有200余位重量级合伙人。这些人都有资源，都有智慧，以往他们互为竞争对手，而因为有了北大纵横，有了北大纵横的机制，他们转变了身份，从互为对手转变为互为朋友。

咨询公司一般的分配模式已经有几十年的历史。它的分配机制有两种：其一，譬如一些核心层的合伙人，大家合作时，需要相互间动用彼此的核心资源，比如我向你提供场地，向你提供品牌，你向我提供其他必要的支持等，让主导这件事的人拿收益的51%，另一方拿49%，让主导的人多拿一点点利益。另一方因为不是主导，虽然他可能具体付出会更多些，但因为不参与具体的事务，所以就少拿一点，这样主导的人才会有驱动力。其二，主要针对普通的合伙人，就是几个合伙人一起支持你，但因相应的支持比较少，收益分成也会大幅降低，一般是二八开。这种机制 20 多年过去了，北大纵横的合伙人不仅没少，反而越来越多，不断地有人进来，大家一起合伙做项目，做事业，你中有我，我中有你；你中有他，他中也有我……每个人都受益于这种机制，每个人都有强大的驱动力。

但是，反过来操作的话，比如创立者本人，因为平台是他发起的，有了项目他可不可以不出任何力，而只要干股？理论上是可以的，但想把事业做大，就不要把自己放在中心。如果把自己摆在中心，凡事为自己考虑，你的支持者会越来越少，因为你在耗费别人的能量。人性就是这样，趋利避害，只有顺应它的人才能驾驭它，才能为己所用。

选择大于努力

人生最大的恐惧是没有方向，创业者最大的悲哀是选错了路。有了方向，有了正确的方向，所有的困难都不再是困难，所有的问题都不成问题，你只要努力就够，只要学会借力就好。但你若选了一条同你的理想背道而驰的路，那么无论你如何日夜兼程，也只会离目标越来越远。

选择大于努力——这又是一句看似鸡汤实则无比正确的话。

古人说得好，“男怕入错行，女怕嫁错郎”。把职业选择与婚姻大事相提并论，足见选择的重要性。干点儿什么好呢？大部分年轻人最初是没有选择意识的，大多是瞎蒙瞎撞，最后深一脚、浅一脚，走成了现在的样子。正像哲人说的，如果给大家重活一回的机会，那么至少有一大半的人会成为伟人。而大多数伟人，基本上在年轻时就确立了相应的志向。

有这样一个杜撰的故事：

唐僧去西天取经时，骑了一匹白马。唐僧取经回来后，白马就成了大唐第一名马，它的很多马朋友就来问它：“我们也是每天努力不停地往前走，甚至比你走得还远，跑得还累，为什么你成功了，我们却没有呢？”白马说：“那是因为我是跟着唐僧走，唐僧有清晰的目标，就是去西天取经，而你们没有方向和目的，你们的主人也差不多。”

确实如此，人生路不仅漫长，还充满岔道。处在十字路口，或者更复杂的境地，往哪儿走是前提，选择好了、选择对了才谈得上努力。我们坚信，努力是成功的必需品。但如果你选的路根本无法通往你要到达的地方，那么无论你在这条路上如何日夜兼程，结果只会是南辕北辙。这么说来，选择绝对是一种不可或缺的能力。因为你今天的结果，很大程度上源于你昨日的选择；你今天的选择，也必将导致你明天的结果。

人生其实就是在不断地选择、选择，再选择。从早上起来要穿哪件衣服开始，是正装还是休闲装，你就要选择；今天化什么样的妆，是浓妆艳抹还是淡妆素裹，你又要选择；中午要去哪儿吃饭，是中餐还是麦当劳，你也要选择……如果你总是在工作中感到不开心，那是因为你选择了一份并不发自内心喜爱的工作；你也想换一份工作，但不确信换完工作是会变得更好，还是连现在也不如，所以无法仓促做决定……人生有三大遗憾：不会选择，不断选择，不坚持选择。不会选择，就会选择错误；不断选择，等于没有选择；不坚持选择，选择对了也等不及好结果。所以，有时候，我们要求助别人，让他们帮我们做出选择，免得产生重大经济损失或加大时间成本。

选择大于努力，尤其适用于投资。行业千千万，企业万万千，什么能投，什么不能投，能投的现在投是否还来得及，不能投的怎样撤出来最合适？这些林林总总的问题，在创业或投资之前必须回答好。

做实业如此，炒股也是这样。你买股票，不也要选一支吗？选对了，钱你就赚到了，只是赚多赚少的问题。选错了，不管你是怎么选的，做了多少工作，进出多少次，都是白搭，甚至还不如不做，不做至少不会亏。

资本市场中的专业人士是需要恪守纪律的，所以好的操盘手应该像好猎手，不能乱开枪，要懂得潜伏待时。待猎物出现，开枪一击而中，然后继续寻找，继续选择。不能整天忙忙碌碌，赔个不亦乐乎。

做大笔的投资更是如此，投错一次，几百万元可能就打水漂了。

人们都说，资本嫌贫爱富。看到好的项目，明明不缺钱了，还非要一股脑儿扎过来，托人找关系也要入一股；有的项目，急缺资金，偏偏一分钱融资也拿不到。其实这是对的，对于有知本思维的投资人来说更是如此。前面曾讲过，具备知本思维的投资人都懂得赋能与“头部”的重要性，也就是利用那些位于产业链“头部”的资源。相关的企业可能很小、很弱，但它可能是一个强势物种，只要资金充足，假以时日，它就会迅速生长，靠内在的价值增值。就比如阿里巴巴创业初期，那时候的马云跟今天的马云可真是天壤之别。但是知本的“眼睛”看得分明，再加上别的方面的短板相继补上，这个强势企业没过几年就成了“丛林之王”。

银行也是这样。企业效益好的时候银行鼓励你贷款，一来你的企业效益好，不担心你没有偿还能力；二来银行能赚取利息。当你的企业效益不好的时候，银行就会想尽办法让你归还贷款，并且此后再也不贷款给你。即便如此，也不能怪银行，因为它们也要止损。懂得及时止损和弥补损失，是所有企业家都应该具备的知本的基本常识。

知本就是这样，资本也是这样。它们残酷也美丽。只要你把二者结合好，运用好，创业就能成功，做投资就能赚钱，一切犹如马太效应般，让已经成功的你更加成功，让原本可能亏损的你避免亏损。

好人时代来临

所谓“劣币驱逐良币”的说法其实并不完善，它是一个双向的问题：良币固然被驱逐出了市场，但劣币也被人们驱逐出了钱袋。人们还是发自内心地喜欢良币。尽管逆淘汰的现象屡见不鲜，但人间正道永远是主旋律。不讲道德的人过去活得滋润，主要是信息不对称。在接下来的时代，人们可以借助互联网、区块链、大数据等，掌握足够准确也足够及时的信息。

经济学中有一个“劣币驱逐良币”的现象，它指的是在铸币时代，消费者愿意保留那些成色高，也就是贵金属含量高的货币，那些成色较差的货币则会被人们迫不及待地花出去。久而久之，市场上良币越来越少，劣币越来越多，就仿佛是劣币驱逐了良币。其实在纸币时代它也适用，想想你花钱的时候，是不是会先花那些有破损或有污渍的钱？人家找你一张有破损或有污渍的钱你是不是不愿意？

由于人的私心，早在古罗马时代，人们就习惯性地在金币和钱币上切下一点点，虽然只是一点点，但是切得多了，价值也就可观了；而这样一来，你切一点，他也切一点，最后钱币就会越变越轻，以至于所有人都知道了里面的真相，于是政府发行带锯齿边缘的货币：如果被人锉掉一点，人们就能看出它被动过手脚。在中国，西汉的贾谊就指出过"奸钱日繁，正钱日亡"，这里的"奸钱"指的就是劣币，"正钱"指的就是良币。换句话说，就是逆淘汰。是坏的淘汰好的，劣质的淘汰优胜的，小人淘汰君子，平庸淘汰杰出。历史上、小说中、生活里，这样的例子比比皆是。

这虽然是一种现实，但类似"岳飞刺上了'精忠报国'还是斗不过秦桧"这种话，看多了不仅让人泄气，也掩盖了事实。这个事实就是劣币之所以能驱逐良币，主要在于人们喜欢良币。劣币驱逐良币，还是良币驱逐劣币，要看是站在个体还是市场的角度。站在市场的角度，自然是劣币驱逐良币，毕竟市场上良币越来越少。但站在个体也就是消费者的立场上，还是良币驱逐了劣币，大家都争着囤积良币，同时把劣币从自己的口袋中"驱逐"出去。

同样，小人不管怎么得志终究为人不齿，君子纵然失势也还是人人敬仰。古语有云，"道高一尺，魔高一丈"。有人说这话错了，魔怎么能比道还高呢？魔若高一丈，道应该高十丈才对，不然怎么压制魔？其实道与魔本是一体，恰如阴阳两极，此消彼长。运用到社会上是这样，运用到个体上也说得通。每个人都有道的一面，也有魔的一面，就看谁占据主体。整个历史也说明了这一点，总有奸臣当道、小人横行之时，但整体上看，治世还是比乱世多。

而如果用诺贝尔经济学奖获得者、美国教授乔治·阿克洛夫的信息不对称理论解释的话，一切都是信息不对称、不透明惹的祸。奸臣与小人靠蒙骗过日子，蒙骗皇上也蒙骗世人，但如果人们掌握了足够准确也足够及时的信息，他们就很难施为了。

过去，我们总在期待好人时代的来临，它也往往只停留在我们的期待里。但今天不一样了，好人时代马上就要来临，因为允许它来临的条件已经成熟。

以经商为例，过去赚钱，主要打的就是利用信息差的仗。

一块电子表，在广州就两元钱的成本，倒腾到内地，价格立即翻十倍、几十倍。因为你不知道它的成本，还以为占了便宜。

同样一款服装，批发价都是 80 元，不同的小贩卖的价格不同，有的人老实，只敢卖 120 元，有的人胆大，什么谎话都敢说，明明是国产的硬说是进口的，张嘴就要 300 元，即使你砍下一半来他也比卖 120 元的赚得多。时间长了，胆大的人觉得这样做只有好处没有坏处，又进一步学会了包装和营销，赚的钱就更多，后来甚至建立了自己的工厂，或者开了连锁店，或者承包了服装城，最后脱离了小贩的阶层。很便宜的东西，愣是被他忽悠成了天价。很赚钱的买卖，硬是被他说成了不赚钱。为什么？怕你进入这个行业，抢他的生意，洞悉他的底细。

互联网时代来了，一切都变了。虽然靠忽悠和以次充好赚钱的可能性依然存在，但概率越来越小。任凭你说得天花乱坠，忽悠得天崩地裂，我只要在网上或者在手机上一搜索，同类产品历历在目，价格、折扣、成本、优惠等一应俱全。你不诚实，顾客会马上走人，客户就这样流失了。在互联网时代，过度的营销有时候真的是浪费，任何一点点的不诚信行为，都能让信任瞬间归零，进而无法成交，而在此之前，你可能已经与顾客磨了半个小时的嘴皮子。

在已经到来的互联网时代，所有的人都应该顺应大势。在时势面前，唯有顺势才明智。时代所致，该来的总会来。没有马云，也会有王云和张云，就好比没有马云也有刘强东一样。事实上，刘强东师承李国庆夫妇的当当网，而当当网拷贝的是亚马逊，但格局小的人哪关注这些，对他们来说，今天能多忽悠几个顾客，多赚几十块钱就是正道。而互联网时代支撑互联网的一系列新技术，在不断迭代的同时，也悄然提醒人们：只有技术与服务才是王道。

我们仍以卖服装为例，在消费者对价格等信息一目了然的情况下，以次充好肯定行不通，跟别人卖的价格一样也行不通，一味打价格战更不是长久之计，但同样的价格下，买一件衣服送一双袜子可不可以？回头客送干洗服务可不可以？新的时代，人们的消费观念也在改变。这个时代的消费主体，特别是这个时代的年轻人，能挣钱也肯花钱，他们并不太在意商品价格，他们在意的是知情权与尊重，在意的是服务与购物体验，只要你商品优质，服务到位，别人就很难把顾客从你这里撬走。

言归正传，在这个好人时代即将来临之际，尽管骗子依然很有市场，但我们必须提前学会反其道而行之，这不仅是道德的要求，也是财富自由的需要。道理很简单，当大家都不务实的时候，务实的人就会鹤立鸡群；当大家都骗人、都不讲诚信的时候，不骗人、以诚为本的人尤显可贵。那些负面的人，等于是在把自己的顾客推给那些正面的人，等于是把财富扔给自己的竞争对手。

前面我们反复阐释过利他模式，并且一针见血地指出，世上并无纯粹的利他行为，“好人”这两个字也比较复杂，我们做好人，我们利他，终究还是为了我们自己。这些年来，我始终坚信这一点，所以能不断地吸引好人成为自己的合伙人，也不断地有坏人把原本对他不错的好人推到我身边，在之前好人时代还未到来的时候，我已经受惠于此。而接下来，在做好人成为一种基本要求的时候，至少在理论上，我在各方面的发展空间都是非常可期的。

过去市场是有限博弈，未来市场都是无限博弈，而不只是一次生意。从无限博弈这个点来论述好人时代，就很有价值。区块链技术和其他大数据技术，对于透明社会的支持等，已经使经营模式进入让好人有好报的正向循环。

总有人会说，做好人有什么好，你对别人好，别人未必就对你好，甚至还会对你很坏。这其实是问到了根子上，也就是说：如果做好人没有好处，我们还要不要做好人？如果好人时代暂时还不会到来，我们该怎么做？其实答案还是那一个：不管时代如何，不管别人如何，你只管围绕着好的价值观去做人做事，一切自有安排。好人自会创造好人环境，一群经过价值观连接在一起的人，形成一个共同的知本和资本的力量磁场，做事业和快乐两不误，这才是一种更好的状态。

第五章 大规模协同运营

你会发现，当有人在生活中开始试着利他的时候，帮他的人也就多了。当他有事情的时候，比如因为有急事无法接孩子或自己不在家水管坏了，这时候会有很多朋友主动来帮忙。类似的协同合作，都是从利他开始的。但类似的协同合作有过几次之后，你们之间的关系就不再是简单的利益关系了，也不仅仅是相互利他那么简单。以利他求协同合作只是一个起点，发展到最后，就是融合，就是不分彼此，就是铁哥们儿，乃至生死与共。

大规模信任共识

> 我们熟知的每个品牌，本质上都有一种信任共识。大规模信任共识，简单来说就是有庞大人群的信任与认可。这个人群越大，越能吸引、连接更多的人和资源，反之亦然。若是乔布斯还在，他一定还能再创奇迹。因为他不仅有经验、有资本，重要的是他懂得也能够让几千人、几万人、几十万人甚至更多人相信他能够完成常人难以完成的事情，从而追随他。

在太平洋西部有一座加罗林群岛，隶属于帕劳共和国。群岛中有一个叫作雅普的小岛，长期以来，岛民们几乎都是与世隔绝的，只有附近一些岛屿上的土著人知道他们的存在。1898 年，德国殖民者来到这里并占领了全岛。他们诧异地发现，雅普人居然使用一种叫“费”的石币。这些石币看上去就像一个石轮，直径从 1 码到 12 码不等，直径越大价值也就越大。我们知道，每码相当于 9 厘米，所以搬运起来很不方便。但雅普岛人根本不去搬它们，而是在交易完成之后，乐呵呵地把石币留在原地，只作一个口头声明，告诉大家这个石币已经易主。

这里的人之所以使用石币，主要是岛上既不出产金属，也没有其他替代物，就连制石币的石头，还是一些勇敢的岛民从几百海里外的岛上运回来的。据说有一个岛民，他曾经试图运回一个无比巨大的“费”，但因为过重，在靠岸时“费”沉到了海里。尽管如此，当地人依然认为他拥有那块“费”，他们家也就成了岛上最富有的家庭。

这个案例所阐述的事实其实并不稀奇，现实生活中类似的例子比比皆是。比如黄金，它是可以吃呢，还是可以喝呢？但人们就是那么疯狂地迷恋它。有人说它可以用，比如铸个金碗来喝水，但这显然比做个陶罐或者采个葫芦成本大得多，并不划算。

唯一的解释就是共识。“费”也好，黄金也好，或者各种铸币、纸币、比特币，不管它们被用作货币之前有没有固有价值，只要大家都认为它有价值，它也就有了价值。

在自然界，动物为了争夺领地与交配权，会通过搏斗达成一种共识，通常是输了的识趣走开。在人类社会，由于人类的社会性，为协调众人的个人行为形成众人的一致行为，以及人类生产力发展的需要，也需要一种强制性的力量来维护社会稳定与和谐。再往前追溯，诚如《人类简史》一书的作者所指出的，共识是人类这种很多方面并不占优势的生物得以脱颖而出并且迅速独霸全球的关键优势。恰如雅普岛人只要形成共识，原本没有价值的“费”也会有其价值一样，只要人类相信一件事情，他们就会形成合力，哪怕完全不认识，但只要有共识，就可以一起祈祷、修教堂、做慈善，或者发起战争。

战争是个好例子，一方面，它是双方无法达成共识之下的极端方式；另一方面，在不考虑太多因素的情况下能够取得大规模信任共识的一方，比较容易获得优势，或直接取得胜利。延伸到其他方面也是如此，比如美元，它为什么如此强劲？就像我们前面所说的，因为大家都认为它强劲，所以它就强劲了。更深层次的原因则是，目前全球各国主要货币所占比率中美元占全球货币市场份额最高，就连现在的雅普岛人也早已不再使用石币了，因为他们形成了新的共识：时代进步了，为了更好地发展经济与旅游业，我们必须改用与世界接轨的硬通货——美元，那是全球性的信任共识。

现实生活中，最能体现大规模信任共识的例子就是银行。银行其实是最会赚钱的地方。首先，它以提供稳定、可靠的利息作为回报，向公众合法借钱、筹集资金。然后，它把吸收到的大量存款借贷给一个个经过专业评估的项目，收取利率，以公众的钱赚钱。那么，公众能否自己把钱借给贷款的人呢？可以，但你被骗了的话，没人会管你的本金如何，司法部门顶多帮你抓坏人，但坏人可能已把钱挥霍光了，损失也只能你自己承受。所以大部分人愿意“便宜”银行，让银行赚些差价。因为大家都已经形成了共识：银行是国家的，亏不了。即使是在新的《银行法》允许银行破产的情况下，人们依然这么想：至少银行比别的机构安全。这是事实。事实促共识，共识反过来又强化事实，二者密不可分。

联系前文，我们说好人时代就要来临，因为允许它来临的条件已经成熟。这种条件包括世人整体素质的提升，也包括互联网、区块链技术的发展。区块链是什么？著名杂志《经济学人》给了它一个最言简意赅的定义：信任的机器。以往人们要取得信任、达成共识，成本通常很高，比如你用支付宝，你要付支付宝费用，尽管有时候它为了吸引用户，不收费，还发红包。区块链技术则致力于用技术，具体地说就是以其共识机制和智能合约等，让坏人做不了坏人。

其实，我们熟知的每一个品牌，每一个大企业，都存在着信任共识。一个企业家在公众的心目中怎样，在员工心目中如何，直接等同于他的信任共识规模。这个规模越大，企业家的能量也就越大，也就越能吸引、连接更多的人和资源；反之亦然。如果乔布斯还在的话，他做成一些常人无法企及的事是不难的。因为他不仅有经验、有资本，更重要的是他懂得也能够让几千人、几万人甚至几百万人相信他能够完成这样一件事情，从而追随于他。

乔布斯之后，人们认为马斯克是最能代表硅谷精神的下一代企业家。马斯克确实值得尊敬，不过有些时候，他还是对不起这个标签的。众所周知，他曾经在电视节目中大哭，直言自己活得太痛苦了，资本给了他太多压力，公司的经营压力自不必提，家庭关系也很紧张，他对同事也不友好，过于刻薄等。他说的是实话，也算真情流露，但在这里是不能加分的，从共识的角度来说这会破坏他的大规模信任共识，具体来说就是影响了公众特别是股民对他的信任，结果话一说完，公司市值就跌了几十亿美元。马云其实也讲过类似的话，诸如后悔把阿里做得这么大之类，但好在他没有流泪，阿里也一直经营得风生水起，股价状况也就波澜不惊。而任正非在这方面就比较值得学习，无论情况好与不好，他创立华为这么多年，没讲过一句丧气话，至少在正规出版物上找不到。

这不是什么军人出身与个人气质的问题，而是作为一个领导者，尤其是一个具有知本思维的人，你永远需要正向思考，正向思考会激发正能量，会激发大规模信任共识机制下的每个人。有时候我们遇到的问题可能只是差一个人的智慧，恰如 27 个星宿已经占位，有了第 28 个星宿，整个天庭就全亮了。

从我信、我能到赋能

如果说德鲁克时代是管理时代，那么现在就是赋能时代。赋能时代对企业家的核心要求，就是与自己的事业生态内的所有人一起成长，包括技能上的成长，也包括财务上的成长。现代人基本上都受过不错的教育，素质普遍很高，不用你手把手地教他干活，也不用你像个监工似的没日没夜地盯着，他们有能力，也愿意展现能力，问题是自己的能力能否卖个好价钱。

我信、我能与赋能，这是一个人成就一番大事业必经的三个阶段。

我信，就是相信自己即将从事的事业是对的，自己选择的途径也是对的。它是认知与自信的综合。如果没有足够的认知就相信，那是盲信，是迷信，虽然看似也有用处和好处，但实际上连做一个配角都不合格。反过来说，如果一个人认知到位，但信心不足，就会缺乏实践的动力，即使别人想推他一把，他上来一句“其实我也没有太大把握”，也会直接把想帮他的人吓跑。

自信，是企业家的立根之本。一个企业家最重要的素质，就是对事物有自己独特的见解和独立的判断。一个没有自信的人，遇事就算想好了决策，或者智囊给出了好的对策，他也难下决断，尤其是在策略很多、影响他的人也很多的情况下。这样的人，怎么可能管理好企业？

企业家要相信，我自己不倒，别人就打不倒我；我自己倒了，除非我愿意爬起来，不然谁也扶不起来我。众所周知，史玉柱曾经败得很惨，惨到不得不躲起来。但他后来东山再起，成了无数中国企业家中的异类，这不是什么命运使然，关键在于他失败了之后依然很自信，用他在统计局工作时的领导的话说，“像没事儿一样”，该干什么还干什么。

企业家不自信，只要没到自大、自狂的地步，自信就只有好处没有坏处。而从心理学角度来说，那些自大、自狂，尤其是刻意为之的自大、自狂，深层次的原因还是不自信。惟大将军真本色，是真名士自风流。真正自信的人，反而表现得很平静。那些没什么真本事的人，才会动不动把自己包装成巨子，把自己的相片挂得到处都是，俨然教父。这样的人，自大些也就罢了，重要的是这种心态，通常会导致做出很多错误决策，让企业运营危机重重。还说史玉柱吧，他第一次失败的最主要原因是在企业发展顺风顺水并且天时地利人和的情况下，自信心失控，盖了一座超出了自身能力范围之外的巨人大厦。最后，大厦成了烂尾楼不说，还把原本效益很好的一些项目连带着拖进了深渊，比如“脑白金”的前身“脑黄金”。

所以，在自信的基础上，企业家也要经常性地问问自己能不能？如果暂时不能，那就冷静分析，把自信放在心底，继续补足相应的短板；如果确信自己能，特别是在以前有成功经验的情况下，就要问问自己：我能为这个项目付出多少？

不同的企业家，不同的企业，不同的战略目标，导致了现实中当企业家们面对这个问题时，答案总是林林总总：有的是10%，有的是20%，还有其他一些比例。看似都有道理，但在这里我必须提醒大家，标准答案只有一个，那就是100%。

佛经上说，狮子搏象用全力，狮子搏兔也用全力。不管你多么有自信，认识有多么独到、全面、具体，只要你想成功，那就要全力以赴。你全力以赴，你的投资人、伙伴、高管、员工才会跟着全力以赴。千万不要抱着玩一玩、试一试的心态，因为你一旦进场，可能这件很好玩的事情就不好玩了，也可能会让你进退两难，到最后犹如黑洞，吸干你的能量，打乱你的计划，耽搁你的行程，影响你的发展。再者说，当你只是抱着玩玩的态度时，你怎么去跟你周围的人合作？理性的人是不会陪你玩的。

踏上并踏稳这级台阶，还远远不够。还需要赋能，赋予所有与你的项目有关的人能量，让他们跟上，让他们顶上。你可以处在进可攻、退可守的状态，但他们不可以。否则，在关键时刻，在面对考验的时候，他们很有可能会弃你而去。

别说现在人们很难靠单打独斗获得成功了，就算在古代也不行。古代的例子如项羽，很多人把他当成战神，他也确实能打，但靠他一个人能打赢秦军吗？不能，所以要赋能，赋能给所有的将士。他反其道而行之，破釜沉舟，每个战士只带三天干粮。三天之内不拿下秦军，不被打败，也得饿死，所以他们必须打胜，必须跟上，必须顶上。

当然，这是比较极端的例子，并不太适用于现代企业，更适合现代企业的是正向赋能。这些年，我看到过很多年轻有为的企业家，个人能力非常突出，大多还是相关行业的专家，也很敬业负责，基本上都是跟员工坐在一起，恨不得看着员工创造效益，但是效果都很差。活也干了，班也加了，投资人的钱也花了，回报却遥遥无期。足见他们还没有学会赋能，还只是停留在管理阶段，而且是那种很落后的管理模式。

如果说德鲁克时代是管理时代，那么现在就是赋能时代。赋能时代对企业家的核心要求，就是与自己事业生态内所有的人一起成长，包括技能上的成长，也包括财务上的成长。现在的很多企业，尤其是科技公司，员工的素质普遍非常高，既不用你手把手地教他怎么干活，也不用你像个监工似的没日没夜地盯着，他们有能力，也愿意付出自己的能力，问题是自己的能力能否卖个好价钱？如果不能的话，凭什么便宜你？这是基本的人性，企业家不必纠结，重要的是完善自己企业的机制，也完善自己的人性。

当然，赋能不等于付钱。当今时代，赋能具体来说就是为每个成员创造平台和机会。而终极的赋能，所关注的核心应该是以人为本，并且在此基础上回答“如何让人的付出有意义”这个问题。不管过去、现在还是未来，管理的核心都是激活人，而激活人绝不能仅靠简单喊两句口号，事实上相关口号喊得越多，反而让员工越反感。

有一些企业，待遇不错，管理也人性化，但不懂得赋能的终极要求是赋予能量与意义，导致人们只是把工作当作一件不得不干的事情来对待。很多人并不喜欢自己的岗位，也不喜欢公司，只是不得不来。但懂得赋能也善于赋能的企业就不一样，他们的员工喜欢上班，喜欢公司，认为在公司比在家里还舒服，因为公司为他们打造了一个能够赋予他们能量与意义的场所。

还有一些企业，虽然懂得赋能，也善于赋能，但由于赋能不够，导致投入了很多，却把能量间接转赠给了竞争对手。例如，行业内有些企业，由于各种原因，有能力不断地培养人才，但总是刚刚培养出来，就被别的企业挖走。应该说，挖人的企业与被挖的企业都应该进行反思。如果一个企业的人才总是被人挖走，那说明他赋能不够；而那些总是需要挖人的企业，则连赋能不够都谈不上。

调取和求助模式

南方粮多，北方粮少，修条大运河，粮食便能源源不断地流向北方。南方水多，北方水少，修一条新时代的大运河——南水北调工程，便可以解决北方沿途的缺水问题。搞工程如此，投资也一样，只要你有接口意识，有时你甚至连资本都可以没有，便能接通天下财富，调尽全球资源。

从我信、我能到赋能，主要是针对管理者而言。这是管理者知本思维的成长过程，是由低到高、由内及外的阶梯式发展。而调取和求助模式主要是针对投资者而言，该模式说白了就是作为资本者，你不要想着去创造，而是从一开始就要想到调取。

调取，其核心是强调形成相互对接的关系，恰如水龙头跟管道的接口一样，投资者应该成为对接接口的人，组合各种人和资源，只要对接得好，对接得准，对接得及时，财富就会像从水龙头里流出来的水一样，自然顺畅。

我们一定要明白，我们不是创业者。当一个人习惯了投资的时候，他创不了业。勉强创得了也不要去创，要让别人去创造，你只需做好创造者与市场之间的接口工作即可。

与之相类似的是求助模式。

有一个小故事：

一位父亲带小孩去散步，在公园里看到一块石头。父亲指着石头问儿子："你能不能搬动这块石头呢？"儿子很积极地尝试了半天，但石头实在太大，怎么也搬不动。于是他告诉父亲："爸爸，我搬不动，我尽力了！""你真的尽力了吗？"父亲说："你自己尽力也不行啊。我就在旁边，你为什么不求助我呢？"说完父亲走过去，很容易就"帮"儿子搬动了石头。

求助模式也有人称为"孙悟空模式"。众所周知，孙悟空神通广大，但在取经前期，纵然他有一身本领，也有一个又一个过不去的坎儿和打不败的妖怪，碰一鼻子灰后，不得不去天庭、南海或西天搬救兵。后来他才学乖了，很多时候甚至都懒得打了，直接一借了之。事实上前期他也不断在借，最典型的就是向龙王借水，不止一次。这就又回到了前面讲过的调取模式，你缺水就去调水，没风就去调风，很多事情看上去混沌一片，但有了这个调取模式，你一眼就能看出关键节点，也就是，它的接口在哪里。

这并不是泛泛而谈，来看一个真实的案例。

早年，委内瑞拉有个自学成才的工程师，叫图德拉，他不满足受雇于人的生活，想做石油生意。可是在石油领域，他既没关系又没资金，石油知识也非常有限。要是一般人，想想也就罢了，但图德拉显然是"非同一般的"，他积极寻找机会，不久后便巧施连环计，单枪匹马杀入了石油海运行业，从此便一发不可收拾。

经过是这样的：有一天，他从一个朋友处获悉阿根廷需要购买2000万美元的丁烷，便立即飞往阿根廷。当时他本想做个牵线人，把这笔生意介绍给别的大公司，从中拿点提成了事。但是一个意外的发现让他改变了主意，他发现阿根廷正在闹"牛肉灾"，数以吨计的牛肉大量积压，愁得牛肉商们头疼不已。他的大脑飞快地运转起来：中东有石油，阿根廷有牛肉，如果能够给他们搭个桥，让他们互取所需，自己的生意不就有希望了吗？

经过一番周密筹划，图德拉开始了行动。首先，他找到阿根廷一家贸易公司，告诉他们希望通过贸易公司购买2000万美元的牛肉，但是对方必须从自己这里购买2000万美元的丁烷。贸易公司的负责人一想，能卖出过剩的东西，又能买到急需的东西，无疑是好事一桩，何乐而不为呢！很快，双方就签订了意向书。

接着，图德拉飞到了西班牙，当时那里的造船厂正在为没有人订货而发愁。图德拉向造船厂提出，自己想订购一艘价值2000万美元的超大型油轮，条件是他们要向自己购买2000万美元的阿根廷牛肉。结果西班牙人愉快地接受了。因为西班牙是牛肉消费大国，阿根廷则是世界重要牛肉产地，物优价廉。他们在本国卖完这些牛肉相当容易，但是卖一艘2000万美元的油轮，那可是千难万难。西班牙人稍一盘算也签订了意向书。

最后一站，图德拉飞到了中东，他找到一家大型石油公司，以购买对方2000万美元的丁烷为交换条件，让石油公司租用他在西班牙建造的超级油轮。谁都知道，中东是世界上最大的石油产地，石油价格自然相对便宜，问题难就难在了运输上。石油公司一想，用谁的船不得给钱啊，更何况这是一笔大生意！当即就答应了，这样图德拉又拿到了第三份意向书。

由于交易的几方都是各取所需，因此图德拉根本没费周折就把签订三份意向书的目标变成了事实，阿根廷卖了牛肉买了丁烷，西班牙卖了油轮买了牛肉，中东的产油国卖了丁烷，图德拉则在辗转之间，以石油的运输费抵了大半个油轮的造价。三笔交易完成后，他又把自己的大半个油轮抵押给银行，贷到了大笔资金，轻轻松松地实现了他做石油生意的美梦。

想想看，当前的委内瑞拉政府若多少有点儿对接思维，还至于陷入全民饥荒的危机吗？那么多石油，只缺个接口；那么多粮食，偏偏没法调取。这种例子在现实生活中比比皆是，而那些成功的人，必然是那些善于突破自己现状的人，比如孙正义。

孙正义的过人之处，不仅在于他懂得连接，善于调取，还在于他的特别之处：他不跟普通人进行连接，他所连接的人都是世界上最厉害的那群人。比如，他十几岁去美国，觉得美国不错，当即决定到美国去上学。应该说他的家庭条件不错，但我们知道，很多家庭条件不错的人到美国玩一圈就回来了，美国真正的优点他们却不理解。但孙正义理解，他去了美国上学，上学期间就开始创业。第一步，也是最关键的一步，他直接去找当时全球半导体领域最牛的科学家，软磨硬泡，非要人家把专利卖给他，买下来之后他就做了一个电子词典。现在看来，这是个过时的技术，但在当时已经是事业巅峰了；但仅有巅峰的技术还不够，还需要支持系统，包括硬件方面的，也包括营销方面的。营销方面，他想把自己的电子词典卖到日本，从头做起既不现实，也不是孙正义的风格。他直接找到了稻盛和夫等人，想尽办法跟他们连接。就像当初从科学家手里磨专利一样，他照样不厌其烦，天天求见稻盛和夫。大神岂是那么容易见的？不见没关系，他天天去求见，最后助理都烦了,见实在推不开了，再见孙正义总是自信满满，也怕真的耽误了什么事，于是双方就对接上了。硬件方面，孙正义需要芯片，他就直接写信给惠普负责人，要求对方给自己供货，与自己合作。当时惠普如日中天，他还是名不见经传的小虾米，人家根本不搭理他。孙正义还是那一招，反复写信，最终引起了对方的注意，对方给了他几个小时，见面一聊，又成功对接上了。

如今是互联网时代，竞争更加激烈，但与此同时机会也更多。比如当你具备了某种条件，你可以去找马云，跟他连接；比如你想要某个正在研发的新技术，假设马云不理你，你连见他都难，没关系，你扭身就去找腾讯、百度或京东。对接是相互的，你想与人连接，别人也想，甚至为之踏破铁鞋。这个世界从来都不缺资本与资源，却始终缺少能在混沌中发现关键点的人。

以利他求协同

天下熙熙，皆为利来；天下攘攘，皆为利往。商业上尤其如此。如果你只想着自己，丝毫不考虑别人，别人有没有能力、有多少资源是他自己的事，与你无关，这样是不行的。网友们说，社会不会像你妈一样惯着你。想利己，先利他。

有这样一个故事：

美国某小镇住着一个老人，老人有三个儿子，大儿子和二儿子都搬到城里了，只剩下小儿子和父亲相依为命。突然有一天，一个邻居找上门来，对老人说："老人家，我在城里为您的小儿子找了一份好工作，您让他收拾收拾跟我走吧！"

老人听了勃然大怒："不行，绝对不行！""您别生气啊！"邻居赔着笑说："我给他在城里找个媳妇，总可以了吧？"老人的脸色有点缓和，但依然很生气，他指着门说："不行，你赶紧走！"邻居又说："如果我给您的小儿子找的对象是石油大王洛克菲勒的千金，你看怎么样？"老头虽然舍不得小儿子，但是怎么能为了自己耽误孩子的"钱程"呢，考虑了半天，最后还是被说动了。

几天后，邻居找到了洛克菲勒的府邸，费尽周折终于见到了洛克菲勒本人，他恭敬地说：“尊敬的洛克菲勒先生，我给您的小女儿找了一个丈夫，您看……”“滚出去！”还没等他说完，洛克菲勒就吼道：“赶紧滚出去！保安……”“您先听我把话说完，再报警也不迟。”邻居不慌不忙地说：“如果您的未来女婿是世界银行的副总裁，您是否应该立即收回刚才那些不礼貌的话？”“哎呀！真是对不起！您请坐，我们慢慢谈。”洛克菲勒当即表示同意，因为他虽然有钱，但当时也在为一个大项目的资金来源发愁呢！

几天后，这个邻居又辗转找到了世界银行的总裁，他说：“尊敬的总裁先生，我认为您应该马上任命一个副总裁！”总裁先是一愣，随即摇摇头说：“这位先生，你真是幽默！我告诉你，完全没有可能。因为我的副总裁实在是太多了，为何还要任命一个？而且必须马上任命？”邻居说：“因为你将任命的这个副总裁是洛克菲勒的女婿。您看是不是完全没有可能呢？”总裁当即表示没问题。

故事纯属虚构，却充分说明了利他思维的重要性。我们在前面讲过“对接思维”，指出这个世界上所有的事情都可以看作一个水管，很多事情在普通人那里看起来不可行，有对接思维的人却都能欣然接受。这一方面是因为前者不具备对接思维，另一方面则是因为有的人虽有对接思维，但没有利他思维，应用起来简单粗暴。“天下熙熙，皆为利来；天下攘攘，皆为利往。”商业上尤其如此。如果你只是想着自己，丝毫不考虑别人，别说人家的水管里有水，就算是一根空管子，也不会让你白用。网友们说，社会不会像你妈一样惯着你。事实上，即使是亲人，如果过于自私，从不为对方着想，也会让人寒心，因此会出现诸如老人把遗产赠给保姆之类的新闻。

“以利他，求协同。”很简单的几个字，背后的道理却异常深刻。很多人都知道刘邦这个人，中国第一位布衣皇帝，也知道他不学无术，流氓无赖那点儿事儿。但恰如现实生活中一些底层人士颇受欢迎一样，刘邦能够从底层逆袭至高层，肯定有他的原因。据说刘邦曾经贩过草绳，他原价进，原价出，自己费劳力，不取利，赔本赚吆喝，左手倒右手，尽管是一点儿小事情，但大家都觉得这个人好，以至于当时职位比他高的萧何、曹参等人见了他都跟见了领导一样尊敬。后来天下大乱，人们为什么推选刘邦，而不是别人？因为通过利他，他赢得了人心。得人心者得天下，这一铁律基本上主导了刘邦的创业轨迹。凡是他自私的时候，看到美女珠玉流口水，只想着自己享受的时候，他就会失败；凡是他采纳谋士们的建议，尽可能地分享的时候，他就能胜利，或者转败为胜。

既然说到了草绳，我们就接着讲讲日本"草绳大王"岛村芳雄的故事。

岛村芳雄发迹前是一家包装公司的小职员，月薪12万日元，日子过得紧巴巴的。有一天，他在街上散步时，无意中发现很多人手中都提着一个精美的纸袋。原来，这种纸袋是一些商家在顾客购物时免费赠送的，既实用又方便，因此很受欢迎。他敏锐地意识到，纸袋这种东西将来很有发展前途。为了验证自己的想法，他还设法参观了一家纸袋加工厂，里面热火朝天的生产场面让他怦然心动。他想：纸袋如果风行的话，用来制造纸袋的绳索的需求量肯定也会大增。想到这里，岛村下定决心，准备辞职大干一番。解决资金问题后，他自创了一套"原价销售法"。首先，他在麻绳原产地大量采购麻绳，然后按原价卖给东京一带的纸袋厂。这样一来，分文不赚不说，他还赔上了运费、时间和精力，而且一赔就是一年。好在时间长了，他的"投资"终于换来了回报，人们都知道岛村的绳索"确实便宜"。一传十、十传百，四面八方的订单像雪片般向岛村飞来。

接着，岛村采取了第二步行动。他先是拿着厚厚的订单和一年来的售货发票收据，对绳索生产商说："到目前为止，我是一分钱也没赚你们的。长此以往，我只能破产。我为你们投入了这么多时间和精力，拉来了这么多客户，你们多少也得让我赚点吧！”为了稳住岛村这个大客户，厂商们当即表示，愿意把每条绳索的价格降低 5 分钱。接着，他又拿着购买绳索的收据前去和客户们诉说：“他们卖给我的绳索，我都是原价卖给你们的，如果再不让我赚点钱，我是坚持不下去了。”大家看到收据，吃惊之余都觉得不能让岛村太吃亏，再说这么好的服务到哪去找？于是，大家爽快地把每条绳索的售价提高了 5 分钱。如此一来，岛村每条绳索就赚到了 1 角钱。日元 1 角钱，还不如人民币的 1 分钱。但是当时岛村每天至少能销售 1000 万条绳索，其利润就相当于日进 100 万日元，这非常可观的。

所以，以利他求协同只是一个起点，发展到最后，就是融合，就是不分彼此，就是铁哥们儿，乃至生死与共。

共享让社会得益

古人云，“因天下之力，以生天下之财；取天下之财，以供天下之费”，意思是，借助全天下的力量，谋取全天下的财富；运用全天下的财富，供给全天下的用度。这是很强大的思维，也是很宽广的格局，它着眼于“全天下的钱都是我的，之所以不在我的账上，是因为别人在帮我们保管”的理念，落足于“天下人的财富都是我的，我的财富也是天下人的”的境界。

最近几年，共享经济在中国从无到有，并且发展势头越来越猛，除了潮水一般的共享单车，还有共享汽车、共享房屋、共享体育器材、共享图书、共享雨伞、共享充电宝等，这并不只是个噱头，而是有组织的资本行为。目前所有的共享形式基本上都符合共享经济的基本价值规律，也就是通过商品共享的形式颠覆传统行业对供给的独家把控，这有利于社会资源的最优化利用，让整个社会得益。就像胡玮炜等人当初所说：“实在亏了，就当做公益”，做共享项目确实是在做公益的同时顺便赚钱。至于能否赚到，那是后话。

有一种说法，共享的概念与黑客有关。黑客的工具是计算机，而最初的计算机资源有限，黑客们对于世界的期待就是全球性的开放、高效与合作。

MIT（麻省理工）的人工智能实验室为黑客们提供了机会，很多黑客甚至把它当成了集体宿舍，因为这个实验室从来不锁门，每一台计算机也不加密。那些年轻的黑客在使用它们的同时，也负责维护与保护它们，正是在这种氛围下，黑客中最有良知的一批人诞生了。在他们的倡导与身体力行下，才有了后来的免费软件、免费电子书、开放式源代码等在传统思维看来极其傻的行为。但还是那句话，这对社会有益，也对他们自己有益。比如比特币，如果不是开放源代码，币价能上天吗？

早在20世纪70年代，在美国共享经济的雏形案例就是摆放在社区或公寓里的共享洗衣机。后来，共享理念不断深入人心，逐渐出现了各种共享，如玩具共享。除了一些特别的人，普通美国人都还是比较务实的。美国父母认为，孩子们很快就会对新玩具失去兴趣，所以没必要浪费太多钱。他们只需每月交少量会费，就能收到4—10个共享玩具，玩具在配送前都进行了消毒，不必担心卫生问题。

“共享经济”的核心是使用权，它绕过所有权。共享产品和服务，节省了金钱、时间、空间和资源，因此，它也被称作“协同消费”。但它绝不只用于消费，它也可以用来协同创业。我们的共享出行项目是最近几年才做起来的，但美国人早在20世纪初就认识到，人们真正需要的是汽车的使用权，而不是所有权，互联网可以把二者直接联系起来，让前者得利，让后者的利用率提高，让资源不再闲置。更重要的是，共享经济能够帮助建立人与人之间的相互信任，对整个社会资本的累积、信用体系的建设都是一种正面激励。

有的经济学家认为，到21世纪下半叶，作为一种新的经济模式，共享经济甚至会取代资本主义经济，成为人类社会主导的经济形态。到那时，生产率极高，物联网发达，边际成本趋近于零，上百亿地球人既是生产者也是消费者，在互联网上共享能源、信息和实物，所有权被使用权代替，“交换价值”被“共享价值”代替，人类也将进入新纪元。未来究竟如何谁也说不准，但它至少在理论上符合社会发展的趋势，也符合人性。你不可能指望与比尔·盖茨共享他的豪宅，因为发明“共享”概念的人的初衷是为给身处困顿的人提供赚钱和省钱的方法。不过，如果你是一个企业家，并且段位比较高，和比尔·盖茨共享豪宅也不是什么难事。因为共享的前提是共赢。你能让比尔·盖茨赢得更多豪宅，他就没理由不与你共享。

在国内，“共享经济”也被译作“分享经济”。后者直接说到了根子上，共享的前提是分享。只有弱者才想要封闭的系统，强者都希望这个世界是开放的。没有人分享，共享什么呢？人们喜欢互联网，其实是喜欢网络产生出来的一些分享的东西。在这个时代，没有你不能共享的东西，只有你不想分享的东西。当然，分享精神也不能走向极端，不是完全开放了就能够创造价值，分享精神也应该是相对的。能够分享的就去分享，不能分享的事情就不要去做。

以微软为例，最初，年轻的比尔•盖茨热衷于参加各种聚会、沙龙，可以从别人那里借鉴一些理念，但也难免会被别人借鉴。这里有个“度”的问题。借鉴过了头，就是抄袭。后来，比尔•盖茨发现有人反编译了他的电脑程序，便是这么指责对方的。之后，他不再完全遵循开放精神，而是在自己的核心市场进行封闭式销售，比如在欧美一些发达国家。这维护了微软股东的利益。但在另一些国家，比如中国和印度，以及东南亚、南美等国家，微软的策略则是变相地怂恿盗版行为。现在看来，这也是一种有限度的共享行为。当全球大约30亿人都习惯了用免费的微软操作系统后，这些地方就不会再出现有力的竞争者了。然后，微软就开始给大家打电话：要么买套正版，要么等着收律师函吧！

事实上所有的企业身上都带着点共享经济的影子。很多人谴责马化腾做游戏毒害未成年人，但其实马化腾也没少做公益；很多人指责百度为钱没有底线，乱放广告，但百度的搜索引擎不仅是最好的，也是免费的；很多人说阿里助长了假货的制造，事实上正是这些人推动了中国整个互联网产业的发展，改变了中国人的数字生活，对中国社会的进步功莫大焉。这些人可能从一开始并不了解什么是共享，毕竟做企业不是做公益，就算是免费，也是为了放长线钓大鱼，或者由于“羊毛出在狗身上猪买单”之类，但正如我们看到的，客观上一个大企业它只要活着，通常都是对社会有益的，而不是有害的。例如一个企业，假设它做了100件事，可能其余99件事情都是对社会有益的，唯独做了一件对社会有害的事情，立即就什么都错了。这么说不是为它辩解，而是重提价值观的重要性。谷歌的核心价值观是什么？不是别的，而是“不做恶”这三个字。不做恶，就是做贡献。我们要以这样的底线来要求自己，并尽可能地利他，把这个社会的真善美像滚雪球一样，越滚越大。

实时响应式运营系统

在崇尚大数据的同时，也不可忽略小数据。大数据让我们的视野更宽广，小数据让我们的思维更清晰。把二者结合起来，才能够形成一个反应及时迅速的实时响应系统，才不至于在大数据时代迷茫。

什么叫实时响应式运营系统呢?

举个例子：沙龙威，一家美业平台，主打美业领域的信息服务。经过多年努力，他们聚集了国内两万名美容师和美发师，分布在几百个微信群、QQ群中，所有的资源用四部手机就能装下，可以随身携带，所以能够做到实时响应。有人说，几百个群不多啊，很多大的公众号也有类似的群，甚至远超这个数。但他们是故意不积累那么多，理论上说，如果四部手机能装下现有资源，那再买几十部、上百部手机，资源不就呈指数级增长了吗？的确如此，但那样的资源未必如现在的有效。“僵尸粉”不叫粉，为避免无效资源侵扰，他们设了个两万人的槛，确保里面的每个人都是优质资源，并且不断更新，随时引进更好的，淘汰末位的。能够进入社群的，都可以提需求，相应的需求可以马上在这两万人的行业精英中得到响应，随即进行精准地分配。

比如一个美业老板想扩张，他首先要做的就是租赁店铺。只要通过系统发布相关消息，那些手上恰好有店铺想出租或转租的人，马上就会看到，并且作出反应。由于这个平台比较小，不至于被铺天盖地的信息淹没，所以相关信息的对接反而更快，远超一些大平台。

平台的营利模式也很简单，比如发出课件，推出相关知识培训课程，一般还会有名额限制，如限额 50 人，每个学生收费 15800 元，虽然价格不菲，报名却非常火爆。基本上信息发出去几个小时，名额就满了，课程自然有其价值，但很关键的一点还是其资源优异，两万人皆是精英，皆是平台从成百上千万从业者中精选出来的。

这个案例还有一个不容忽视的关键词，那就是“服务”。时时解决业内精英的问题，最快速度地对接业内精英的资源，速度越快，平台越有价值。

我现在做的事情就是做一个资源的匹配者，打造一个企业运营与投融资方面的精英人士的集群。资源匹配需要建立纽带结构，也不要太多人，比如几百名有量化分析能力的知本教练，知道什么样的资源匹配起来更有价值。这些人都是对多要素资源有深刻理解的人。其中当然也可以有企业家或投资家，但不可以有太多学者，因为学者在这里面作用不大，我们不是搞理论研究，而是直接对接各种资源。你缺人也好，缺钱也罢，或者缺技术，只要你进入了资源匹配的平台，就意味着你有一定的资格，实力与信誉都有保障，值得信赖，可以合作。平台的营利模式也参照集群模式，技术上采用大数据和人工智能进行量化匹配，只要触发相关设置条件，对接就可以启动。同时，平台的服务人员都在相应的服务社区里，这也是一个典型的扁平结构，可以随时随地为完成对接的合伙人提供进一步服务。

第六章
大侠和统帅

未来是一团迷雾，而划破这团迷雾的剑锋就是“知本”。抽象理解，统帅就是划破时间线，把团队带到未来的人。一个总是停留在当下状态的企业是没有未来的，未来需要未雨绸缪。一个没有未来意识的企业家也不可能划破现实与未来之间的迷雾，那需要巨大的能量。有些东西我们无法把握，但我们可以把握知本，企业家要想让这把宝剑不生锈，要么不出手，一出手就一鸣惊人，就必须经常用知本去打磨。

统帅即剑锋

所谓领导力，一定程度上就是引领力。企业家光有战略还不够，还要让战略落地，带着大家在战场上冲锋，打胜仗。就像古代的大将，他必须有自己的“三板斧”，以便在最短时间内摧毁敌人的士气，提振自家军队的斗志。作为企业的负责人，企业家就是剑锋，负责划开时空，让人们提前看到未来，看到胜利。

夏桀、商纣、周幽王、隋炀帝、崇祯……说到历史上的亡国之君，中国人大抵了如指掌，也总是习惯性地把一个朝代的终结、一个民族的劫难归于他们一身。事实上大家都知道，朝代的兴替有很多原因，错综复杂，并不是某一个人的错，但说到主要责任，还得他们来负，原因只有一个，他们是统帅，是领袖。俗话说，一将无能，累死三军。企业家也好，单位里的领导也罢，必须不断反省自己，不然等到下属埋怨的时候，企业已经濒临破产。

火车跑得快，全靠车头带。领导，就是用来引领的。所谓领导力，说白了就是引领力。

这两年，高铁成了中国对外的名片。高铁，不仅靠车头引领，它采用动力分散技术，每节车厢都有动力装置，跑得又快又稳。套用到企业上，就是要企业家当好车头，凭借出色的领导能力，打造一支充满活力的团队，呼啸向前，最终满载而归。

再打个比方，企业好比一把宝剑，统帅就是剑锋。古人说要身先士卒，意思是作为统帅，不能只懂得运筹帷幄，也要能带着大伙往前冲。

现代商业有“领袖营销理论”，指在这个营销为王的时代，“一把手”必须冲在前面，做好企业营销方面的“剑锋”。比如推销高铁这种事情，非得李总理这个级别的人才行；美国总统访华、日本首相访华，往往都带着一个庞大的商务团体，为的就是推销他们的产品。在企业界，这更是大势所趋，从雷军到董明珠，再到王健林、刘强东等，他们经常在公众面前亮相，难道仅仅是为了混个脸熟？不，他们是在推销自己的产品，推销自己的平台，营销自己的思想，甚至营销自己的价值观。

这样做并不奇怪。领袖营销，有时甚至会上演国家领袖之间的营销对决，如1959年尼克松与赫鲁晓夫围绕厨房用具展台展开的“厨房辩论”，其目的倒不是简单地推销厨房用品，而是推销各自的生活方式与意识形态。后来，西方大企业率先吸取其中经验，有意识地包装自己的企业领袖，进行品牌营销，并且产生了专门为企业领袖设计形象的专业机构。诸如比尔·盖茨、杰克·韦尔奇等世界级企业领导人，他们的一言一行、一举一动都是经过专业设计的。

现在是互联网营销时代，互联网营销也好，互联网企业也罢，其核心就是领袖营销。每一个成功的互联网企业，都有一位大众耳熟能详的创始人，这就是它们的领袖。提到腾讯，人们马上会想到马化腾；提到360，人们立即会想到周鸿祎；提到百度，人们会想到李彦宏；若提到京东，人们不仅会想到刘强东，还会想到奶茶妹妹。

即使是传统领域，那些出色的各大企业创始人，也是各自企业的灵魂，在高度发达的互联网时代，他们不约而同地充当起了免费的企业代言人角色，代表人物如早期长虹电视的创始人倪润峰、远大空调的老板张跃、青岛双星的董事长汪海、新希望集团的创始人刘永好；现在的如海尔的张瑞敏、联想的柳传志、老干妈的陶华碧、华为的任正非等，都是领袖营销的标杆。

很多人羡慕马云，这么年轻就退休了！但马云退休了，不等于他就闲下来了，不说他退休后依然掌控着阿里大的发展方向，他在退休后做的很多事也都很有意义和具有挑战性。

现在很多人都想40岁退休，包括一些还没开始工作的人，想想真是可笑。他们受西方一些管理思想的影响，早早规划好了退休时间，并做好了退休之后去世界各地旅游的计划。但是，中国第一代的创业者根本不具备退休可能性的原因有三：第一，公司离不开你，你是公司的创始人，公司的产品、公司的团队、公司的文化都是因你而起，所以你对公司的影响一定是方方面面的。第二，你找不到合适的接班人，相对于发达的西方国家，中国的市场经济发展时间还很短，不论是人的素质，还是管理机制，都非常不成熟。实事求是地讲，职业经理人很少有比企业创始人更敬业、更爱企业的。所以找不到接班人，创始人就谈不上退休的可能。第三，退休后的生活比创业和经营企业还要累。当游山玩水成为一种常态，也是极其消耗体力与精力的。偶尔玩一玩，属于浪漫，天天如此你一定会厌烦。因此，属于企业家的快乐，更多地体现在企业经营方面。

所以，我们发现，很多人早已年逾古稀，也早已功成名就，但他们依然坚守在相应的岗位上，这并不意味着企业离了他们就不行，也不是他们离不开企业，而是他们认为这样的生活才更有意义。

当然，更多的人是明明知道离不开企业的工作岗位，明明知道企业也离不开他，偏偏还是想离开。其实人生的困境是多层次的，并不是生活在别处就能够全然如意。这样的人，首先应该学会生活在当下，正视自己与企业的问题；其次就是在此基础上，把自己想象成一把宝剑，带领团队披荆斩棘。

探路的大侠

理想状态下的企业家是一个“探路的大侠”，他要谋篇布局，分派人手，调度资源，还要冲在前面，一招捅破天，拨开困扰人们的迷雾。企业家要构建一个体系，挖掘、物色、培养一批超级战士和谋士，与自己同行，或者做自己的分身。当这个队伍组建完成并逐渐完善后，再慢慢退出来，探索更加深远的未来。

在金桥国际，学员们和朋友们联合给我起了个绰号——王大侠。我很喜欢这个称号，它也符合我的风格以及我做的事情。“探路的大侠”，我认为没有比这更能形容我和我的事业了。

大侠，传统的理解就是自己拿一把刀或者揣一把枪，勇闯天下的人。单打独斗，谁也不是我的对手，没有比我手里更快的刀，没有比我手法更快的快枪手，谁敢挑战，必败无疑，这是大侠思维。

放在部队里面，大侠就是一个超级战士，是冲在最前面所向披靡的人。放在企业里面，那就是超级员工，没有接不了的订单，没有搞不定的客户，没有完不成的项目，没有带不了的新人。

而探路的大侠，是统帅思维的体现，它不单单要求企业家抛头颅，洒热血，慷慨激昂，豪气冲天，还要求他们为国、为民、为企业、为员工、为家人、为自己，通盘考虑，周密计划，谨慎行动，步步为营。

其实，大侠与统帅并不矛盾，它们是一体两面。这是企业家的理想状态，一者作为统帅，他要做好战略谋划，分派人手；二者他要冲在前面，化作剑锋，一招捅破天，让大家各就各位，而他自己只需要盯盘就可以。

之所以称为理想状态，就在于现实生活中这样级别的企业家太少，归根结底，则是有这种思维、这种意识的人太少。这也怪不得人们，因为这两种身份体现出来完全是两种状态，很多人很难求得两者之间的平衡，所以有的企业家只能做大侠，带着大家往前冲，但冲到哪里不知道，走一步算一步。如果他命好，遇上一个厉害的谋士，如同刘备与诸葛亮一样，也不难称雄一方，鼎足天下。有的企业家则只善于筹划，就好比足球教练，他能够计划、调度得很好，但他自己不能上场，更不要提什么临门一脚了。这样的人，未必一定需要把自己打造成射手或超级战士，他可以去挖掘、去物色、去培养属下。做一个探路的大侠，并不意味着路上只可以有你一个人，更不意味着干活的只有你一个人。探路者是个苦角色，对于其他人来说，可以避开这样的苦难；在有教练伴随的时候，能够将事业运作得更好。每一个人的时间都有限，经历很重要，这种新的分工模式，能够带来更好的结果。

好的企业家与好的企业是相匹配的，企业步入正轨之际，整个团队也建立起来了，当年跟自己一起探路的人也可以独当一面了。更有甚者，像马云的阿里巴巴，目前已经建到了第五梯队。企业发展到这个程度，马云所起的作用已经不再那么重要。有他在，探路的大侠只能是他一个人，只能是他那一套思维，尽管他也会吸取别人的有益思路，但底色与内核始终是他自己的。没有他，更多的超级战士会涌现出来，更多的统帅会脱颖而出。

未来是一团迷雾，而划破这团迷雾的剑锋就是知本。抽象理解，统帅就是划破时间线，把团队带到未来的人。一个总是停留在当下状态的企业是没有未来的，未来需要未雨绸缪。一个没有未来意识的企业家也不可能划破现实与未来之间的迷雾，那需要巨大的能量。而时间是能量，知识也是能量，万物皆能量。有些东西我们无法把握，但我们可以把握知本，企业家要想让这把宝剑不生锈，要想一出手就一鸣惊人，那就必须经常用知本去打磨。

武侠世界中的大侠我们就不罗列了，举个现实当中大侠型的统帅，而且是侠盗型的，他就是比尔·盖茨。比尔·盖茨与乔布斯不一样，乔布斯一看就是个文科男，他不讲技术，而是讲禅宗，讲的是文化与价值观，讲的是情怀与理想，讲的是改变世界，讲的是“你是做一杯糖水，还是跟我改变世界？”而比尔·盖茨，不管人们贴在他身上的标签有多华丽，用普通老百姓的话说他就是个“搞技术的”，后来不必自己搞技术了，但技术出身所赋予他的思维与行为却改不了。在《未来之路》一书中，比尔·盖茨写道，他在十多岁的时候做过一件事情，那就是晚上翻墙进 IBM，把 IBM 的工程师们留下来的纸片、废纸全部收集起来，装在袋子里带回家，看看 IBM 的软件工程师都在写些什么，写什么他就研究什么。这就是一个大侠行为——侠盗，偷的是知识，是书上提供不了的知识。这其实也是探路。这样的行为，与他后来去做操作系统有很大关系。

埃隆·马斯克也是大侠，他探的路不是奔向前方，而是奔向天空。世界上成功的企业家太多了，但造火箭的人只有他一个，连奥巴马当时都跑去找他聊天。但在成功之前，马斯克接连失败了三次。有人想不明白，他为什么执意要投资这些高风险行业？很简单，他骨子里就是个大侠，是个期望改变世界也确实在一定程度上改变着世界的大侠。

世界需要大侠，每个人的心目中都期待着一个大侠，只是因为文化背景不同，中国人期待的可能是白眉大侠，美国人期待的可能是蜘蛛侠。当然，一个大侠改变不了世界，必须要靠集体的力量，让更多的人都成为大侠，才能实现辽阔愿景。

信心、心血和勇敢

很多大人物都有丧失信心的时候，他们只是不告诉你。是人，就难免在自信和自疑之间徘徊。所以，轻易不要做决定，一旦做了，就坚信自己的决定是对的。当然，你的坚信不能是空中楼阁，必须有坚实的基础，那就是事前进行周密计划，且在宏观与微观上做足功夫。

让我们沿着上面的思路讲下去。

信心、心血和勇敢，这三个要素，是大侠更需要一些，还是统帅更需要一些？

显然是统帅。

荆轲是大侠无疑，因为他为了别人的国家，明明没有准备好，他等的人还没有来，信心还因之而缺失，太子丹一催促，他便义无反顾地上路了，最后死在了秦宫大殿之上。太子丹的身份是统帅，但偏偏更像大侠，当然他属于两方面都比较差的那种，既无法运筹帷幄，也劈不开时空，只能想出刺杀这种不算策略的策略。

如果把他比作一个企业家，那么他的资本与知本都很有限，所以白白牺牲了荆轲等超级战士不说，还因此过早地与强秦撕破脸。棋盘都打碎了，还拿什么博弈呢？剩下的便只有拼个你死我活了。作为一个统帅，他应该有这方面的感知。我们常说的信心，其实也包含着一种感知。没有对战斗胜利的感知，你凭什么自信？太子丹显然没有信心，他比谁都清楚，他是在螳臂当车。

信心是前提。有一句格言被阿里所推崇，叫“相信相信的力量”。很多事情其实就是信不信的问题，你只有一层“相信”还不够，要有更多“相信”，才能不断地进行下去。信心是一种激情，未来是需要相信的，相信的人才会去做，做了之后才能证明你是不是对的。以阿里为例，仅是劝美特斯邦威在淘宝上开个店试试这一事，马云本人就聊了 4 年。前期对方根本就不信。但聊得久了，不信也信了，因为马云总是那么信心十足。

马云有没有丧失信心的时候？或许有，但至少他没有表现出来。其实大家都是人，只要是人，就难免在自信和自疑之间徘徊。作为领导者，他们的头脑总在思考：这件事我做对了吗？我可能错了吧？万一把公司带到坑里怎么办？对他们来说，最难过的就是极端的孤独、极度的自我怀疑这道坎。因此，别无他法，他们只能选择相信自己，这是一场自我修炼。

至于现在的阿里，不用想也知道，每年都会引进大批人才，有太多人削尖脑袋想往里钻，因为平台好；但每年也都会送走一批人，或者有一批人在自信心丧失后，自行离去。

信心其实来自感知，而感知来自计算。一个员工，在阿里有多大的发展空间，具体到每个个体是不一样的。一件事情，自己能不能做成，略一思索，大脑瞬间就形成了处理结果：能或者不能。若是不能，通常情况下就会喟叹或懊悔：若是之前多花点儿心思就好了！

前面讲过探路的大侠，也讲过向导式教练，它们的共同点就是提前吃苦。因为只有提前吃苦，追随你的人才能舒服；平时多流汗，战时才能少流血，或者兵不血刃地攻城拔寨。

做大侠，尤其是做那种为国为民的侠之大者，仅仅自己练好功夫还不够，必须有一个特别强大的支持系统。竞争到了一定级别，都是系统与系统之间的对抗。系统不断优化，不断地向极致靠拢，方能赢得包括对手在内的所有人的尊敬。以手机为例，现在的手机都是“傻瓜”机，随便划一下屏幕、点一下图标就行，如此简单，让人没来由地喜欢。但简单的背后是复杂的精密计算与制作。比如，苹果手机给我们呈现的界面很简单，但为了这个界面，乔布斯当初得面对一大堆问题，摆平一大堆问题，付出难以想象的心血。

再举一个战争方面的例子。

美国能够在离本土万里之遥的伊拉克与阿富汗打赢战争，显然离不开它强大的、遍布全球的支持系统。目前美军是如何作战的呢？联系上下文，可以说非常贴合我们所讲的“探路的大侠”的思路。

这部分作战的美军通常被分为若干个小组，每个小组三人。其中有一个人是普通战士，另一个人是侦察专家，第三个人则是武器专家。不消说，他们随身都会携带武器，但他们的主要任务不是消灭敌人，而是进行侦察，所以会尽量避免战斗。比如，当他们在侦察专家的引领下，发现一个敌军据点时，武器专家马上开始计算：打掉这些敌人大约需要几颗导弹？什么型号的导弹性价比最高？或者需要哪些武器以及人员的协同；等等。他计算完，头脑中就形成了方案，然后马上通过网络向中央司令部求助，中央司令部接收到信息后马上就会在卫星的引导下，配备各种人员与武器，或远程打击或直接轰炸敌方目标阵地。

但是，即使系统再强大，也不能确保万无一失。因此，虽然军事支持系统先进强大，上战场时依然会有牺牲。所以，勇敢很重要。也就是说，企业家能不能做到我们之前所说，既是超级战士，又是超级谋士，在很大程度上取决于他是不是同时具备信心、心血和勇敢这三个要素，并且能在此基础上做到三位一体。

将帅之道在于先验

2000 多年过去了，人们还在津津乐道于“纸上谈兵”的赵括，这实际上是一种不肯原谅。“可怜无定河边骨，犹是春闺梦里人”，一个将帅最大的德，就是带领士兵打胜仗，把带出去的士兵都带回来。将帅之道在于先验，没上过战场，不曾出生入死过，就没资格指挥与带领军队。而我们，愿意将 10 年的想法，7 年的验证，又 3 年的检测精进，从而获得真实数据的操作系统，通过知本思维与您分享。

何谓将帅之道？其实就是未战先胜。高手在事情没有展开之前，就思考了不确定性，并且做足了准备，能够在脑海中演示出一份事业从起步、腾飞到结束的过程。

《孙子兵法》共有十三篇，没有专讲将帅之道的，但相关的论述篇篇都有。将帅之道，首重一个“德”字。所谓“知兵之将，生民之司命，国家安危之主也”，将帅其实掌握着民众的生死，主宰着国家的安危，非常关键。

很多企业家也说过，不赚钱的企业家是不道德的；当然，也有的企业家说，在互联网时代，有的企业不赚钱，但它是光荣的，比如当初的亚马逊、京东、360，但它们肯定不会永远光荣下去。它们当时不赚钱，是为了以后赚大钱。这类企业打造的是未来价值，一旦时机成熟就会赚得盆满钵满。不过没关系，不赚钱的时候它们是光荣的，赚钱的时候它们是道德的，因为只要企业存在，它至少能促进就业，这就是道德的。

关键在于，作为一个将帅，要怎么带领大家打胜仗？特别是中小企业，它不可能像互联网企业那样，动辄融资，很多老板的资本就是全家所有人的钱，有的甚至连孩子的压岁钱也押上了，又甚至是七大姑八大姨凑集起来的血汗钱。一年半载或者两三年不赚钱，可能还能勉强勒紧裤腰带挨过去，时间再长恐怕就得跑路了。一跑路，必然连带员工、亲戚朋友、供应商跟着倒霉。创业难，创着创着你发现连做个普通人都难。所以有句话，创业等于找死。没有知本的创业，死得更快。就像街上那些门面，通常是开业不多久，就挂上了“转让”的牌子。

其实，就好比一个将军要带领大家打仗，他自己首先得打过几场仗，胜算有多少不说，但败的概率至少心知肚明。将帅之道就在于先验，为什么美军的作战小组要有侦察专家？因为他先前有过实践，有经验，能让大家在保证自身安全的同时完成任务。武器专家也是如此。而中央司令部，当然也不仅仅是机械地下个命令，他们不在战场上，但他们面前有卫星视图，把握着一个更宏观的战场，他们也曾经在战场上出生入死，懂得前线人员在讲什么，他们最需要什么支持，等等。换个不懂行的人，根本不知道在说什么，还怎么指挥？

将帅之道在于先验，这不仅是对将帅的要求。实际上有了卫星这种高科技武器，美军完全可以选择远程打击，把伤亡降到零。但为什么他们不这么做呢？还是那句话，系统再好，离了人也不行。现代战争，包括人员、装备甚至工事，都是流动的，很多时候，这种流动不是卫星可以感知的；侦察机也一样，它速度太快，开过去之后再绕回来，形势又变了。只有前沿的侦察兵，能够收集到最具体的信息，并且根据实时情况变化，不断把新消息传送到中央司令部，使其能够不断地修正导弹的参数。可能他的先验只有几分钟，但战争本就是时间的游戏，有三分钟的先验，就能命中敌人，否则就打不到，甚至还可能误伤自己人。

把事一次做正确

领导对下属的要求，是把事情做正确，这是基本的管理规则。领导对自己的要求，则必须上升到把事一次做正确的高度。因为领导代表着方向，他的方向决定了所有人的方向，他的对错决定了所有人的对错。就好比狙击手，必须练就一枪毙命的本事，机会不好就耐心等待，切不可打不到目标，浪费了子弹，还暴露了自身。

做事要沉住气，有时候是反直觉的。将事情做好的方式恰如一次诺曼底登陆，按照常规的路径应该是在风平浪静的时候渡海，实际上却是在能见度最差的时候勇猛出击。所以，做事很多时候可以进行逆向思考。

“做正确的事，正确地做事”，这是德鲁克的名言。在此基础上，我认为还应该加上一句，即“把事一次做正确”。把这三句话归纳起来无非 4 个字：不许出错。

特别是企业家级别的领导者，出一次错，恰如走错了路，很难回头。因为你身后通常跟着一群人，回头的话，你甘心，大家也不一定甘心。壮士断腕，只有少数人才能做得到，通常还是在被逼无奈、绝地求生的时刻。

所以，必须将事一次做正确。这就好比上战场，打击必须精准，必须一次性消灭敌人，否则反会暴露自己，让自己陷入非常危险的境地。

尽管人们常说，失败是成功之母，不过有些事情容不得犯错，有些事情失败就是地狱。比如，早在1914年，美国轰炸机的空勤人员就开始装备降落伞，到二战时期，降落伞的合格率已经很高了，达到了99.9%。但美国军方不满意，因为99.9%的合格率意味着每1000个跳伞士兵中，就会有一个人因降落伞的质量问题而送命，这怎么可以呢？而降落伞厂商觉得很冤，他们觉得99.9%的合格率已经够好了，世上没有绝对的完美，合格率怎么可能达到百分之百？但美国军方有办法，你坚持不改也行，以后检测质量时，让你们厂家的负责人直接背着自己生产的降落伞测试！奇迹很快出现了，合格率马上达到了百分之百。

这是个很著名的故事，它给了人们很大的震撼与启示。所谓一步错、步步错，特别是战略层面的决策失误，甚至可以让一家大企业跌入深渊。当然，我们还是应该客观地说，在一个企业里，或者一些大的组织里，乃至个人负责的工作岗位上，有些小错在所难免，但这里必须有一个前提，即大方向是对的，这样就算个别人绕点路，个别事情浪费些资源与时间，最终无伤大局。但如果从高层、从最高领导者那里就错了，即使下面的员工执行力再好，也没有什么意义了。

把事一次做正确，至少要做到不在大的环节出问题，无疑需要先验。道理很简单，但真正做到其实很难。我的一位朋友曾经不客气地跟我说，你可能会“死”得很惨，因为所有遇到问题的企业，所面临的情况都是非常复杂的，某种程度上还很难深入地了解这种复杂性，你把企业家的问题解决掉，把他送上正轨，自然是千好万好；可一旦你搞不定问题，这就成了一个战场，你就从他的朋友变成了敌人，你的信用、平台的信用及你做的承诺，说直白点统统变成了屁话，你就成了别人眼中的骗子。

俗话说，种瓜得瓜，种豆得豆，你就是你自己的因果。好的行为必然有好的结果，坏的思路必然有坏的结果。种子种下后，迟早会发芽，和你是否浇水无关。从这个角度看，把事一次做正确，其实适用于企业经营与我们整个人生的方方面面。

我的一位朋友经营了一家服装企业，有一年他接了一家日本公司的订单，对方要求严格，并且派了一个日本人专门来监督。在裁布料时，国内一贯的做法是将布料叠很多层，然后在第一层布料上摆好纸样，画完线，再一刀裁下，这样一刀下去就是几十件衣服。但日本人坚决反对这样做，只允许单层操作，这样下来，质量肯定提升了，但效益大大降低。看在日方付费也比较高的情况下，我这位朋友勉强把这件事完全按照日方的要求做完了。这还不算，在交货包装时，经过了一系列人员与机器的检测之后，这个日本人依然坚持用一台很小巧的强力探测器，将每一件衣服从上至下探过一遍，才同意装箱。朋友很不理解，问他为什么要这样固执？那个日本人说，这不是固执，而是盈利的需要。你们的衣服卖得很便宜，在国外几美元一件，但我们日本人做的衣服很贵，一件衣服就是在日本也要卖几千元人民币，很多还是被你们到日本旅游的国民买回来了，原因就在这里：我们每一步都很仔细，绝不含糊。你们能吃苦，聪明能干，但做事不仔细，也不在乎，所以你们只能挣很少的加工费。

类似的启示，实在值得我们深思。我们每个人都应该从现在做起，从把每件事做好做起，这是最基本的要求，也是最核心的要求。我们的未来不只在于创建一个高效生产的企业，还需要建立一个产业链要素支撑的新体系。知本和资本完美结合，才能够做到这一点。

苦难让领导者先验

诸葛亮未出隆中，而知三分天下，这就是预判。虽然他自己不曾有过三分天下的经验，但他的预判是基于历史经验的。在民间传说中，诸葛亮还能呼风唤雨，已经属于超验的范畴了。平庸的人那么多，出类拔萃的人没办法不被神话。但绝大多数的人不是诸葛亮，所谓“我不入地狱，谁入地狱”，当领导就得有吃苦在先的精神。经历了痛苦，才有可能带大家绕开雷区与炼狱，才有资格当教练。

苦难让领导者具备预判的能力。正所谓“我不入地狱，谁入地狱”。领导者先在炼狱里走一遭，把可能要吃的苦吃三遍，然后就可以带着自己的下属绕开炼狱，少吃苦。

在中国的神话体系中，有一位非常了不起的神——神农氏。他结束了饥荒时代，发展了农业。他还是医药之祖，为了辨别什么植物可以吃、什么植物不可以吃，什么草药能治什么病，他亲尝百草，也尝尽了种种寻常人难以体会的痛苦，再教人种植，为人类的健康作出了不朽的贡献。可见，苦难让领导者有了某种预见性，也只有体验过痛苦的人，才称得上领导，才有资格当领导。古人一向这样认为，所以我们知道的一些施政比较英明的帝王，通常都了解民间疾苦。只需“了解”，未必亲身体会，已是难得。孟子亦说，

“天将降大任于斯人也，必先苦其心志，劳其筋骨，饿其体肤，空乏其身，行拂乱其所为，所以动心忍性，增益其所不能”。不吃苦，怎能“增益其所不能”？所以，那些成熟的企业家，都会让自己的孩子从基层做起，一点点学本事，最后再把企业传给他。

曹德旺可谓个中代表，他的儿子曹晖24年接不了班，为什么？实在是创业不易，不敢撒手。为了历练儿子，曹德旺先把他放在车间。曹晖用了6年时间，把车间的活都干了一遍，一步一步坐到了车间主任的位置。看他得心应手了，曹德旺又将儿子打发到香港，负责当地的营销，这一干又是6年。曹晖从广东话学起，最终一步步把以香港为核心的销售给搞起来了，轻车熟路了，父亲又把他打发到美国，边开拓边学习。又是6年过去了，美国的业务从零开始，又搞得风生水起了。曹德旺以企业需要接班为由，把儿子喊回国，但回国后鞍前马后又是6年，曹晖还是接不了班。后来曹晖烦了，干脆从公司辞职出去创业。等他创业小有成就时，曹德旺才不失时机地收购了儿子的公司，总算正式交出了权力棒。但是，虽然退居太上皇之位了，重大事情还是由他说了算。什么时候才能完全放心？或者说，什么时候小曹同学才算毕业呢？这是一场修行，只有更好，没有最好，炉火纯青，仍须精益求精。

当然，预判或者预见性不等于经验。经验固然重要，但预判或预见性也很重要。

预判或预见性，很多时候就是一种认知能力，类似于我们所说的“知本”。

不是所有人都有这种能力，有经验的人未必做事全正确，但通常情况下都能在某个方面为我们起到指引、引导的作用。举个例子，关于“老马识途”，我们让普通人讲讲老马识途不难，但老马为什么能识途呢？普通人是讲不出个所以然来的。如果我们问的是一位动物学家，他就会告诉我们：那是因为马的脸很长，鼻腔也大，嗅觉神经细胞多，这就构成了它们比其他动物更发达的“嗅觉雷达”，这不仅能帮助它们鉴别饲料、水质的好坏，还能帮助它们辨别方向，寻找道路；马的耳翼也很大，耳部肌肉很发达，转动灵活，位置又高，所以它们听觉非常发达。马通过灵敏的听觉和嗅觉等感觉器官，会对沿途的气味、声音以及路径形成牢固记忆，所以能够识途。这就是专家与普通人的区别。

第七章 全球知本思维实践

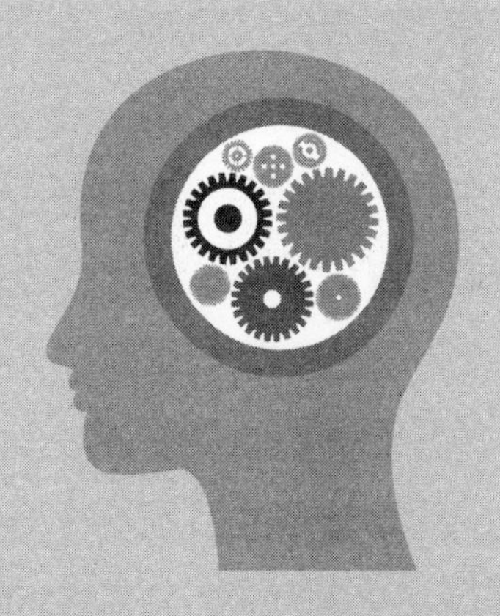

麦当劳、肯德基的产品很好吗？非但不好，还被称为垃圾食品，但坐在里面，居然有人体会出了平等：桌子一样、椅子一样、排队点餐……没有特例。客观地说，这类快餐企业还是为社会的进步作出了贡献的。比如，就算你不点餐，只是在里面休息一下，用一下卫生间也是可以的，而且完全不必说谢谢。

全球知本管理实践

> 作为著名的智库，麦肯锡更多的是以知本促资本；而作为知名企业，谷歌更多的是以资本促知本。它们各有特色，各具优势，也非常符合自身情况。

在全球知本管理实践方面，麦肯锡与谷歌是很好的榜样。虽然它们走的是截然不同的路子，但都取得了不错的成效，可以从不同角度让我们有所借鉴。

先说麦肯锡，它是全球知名的管理咨询公司，由美国芝加哥大学商学院教授詹姆斯·麦肯锡创建于1926年。它采取的是合伙人制度，它的主打卖点是每一个合伙人都可以进入它的案例库，比如它给通用的建议，它对微软的分析，及它对全球经济的走势预判等资料信息，都在其庞大的案例库中。这个案例库已经持续建立了六七十年，里面的文章不像网站内容以堆叠为主，而是非常专业，非常具体，从宏观到细节，从战略到文化，从企业领导人到一线员工，从产品到服务……你能想到的都有。比如某个化工企业的案例，从它的创办、成长到上市、并购，以及新技术等，都面面俱到地记录在案，而且随时增删，大案例中有小案例，每一部分都有案例，有的一个案例就多达几百万字，还有图案、图像，绝不像某些企业只会制作一个简化版的

PPT。

成为麦肯锡的合伙人，就有资格调用这个案例库的信息。如果你有问题，就可能通过了解先前案例中对相关问题的解决方式而做出相应决策，或者在此基础上求教咨询公司，给出更加专业的解决办法；哪怕没有问题，你也可以利用里面的案例进行学习，因为案例库是向你敞开的。世界上有没有问题的企业吗？没有。包括麦肯锡，它都有自己的问题，也经历过无数次的危机，所幸它本身就是专门研究企业各种问题的，所以能够不断从别人的问题中寻找答案，进行自我救赎。

再讲一个麦肯锡的特别之处，那就是它从不推销。因为它认为，企业的问题就像是家里的老鼠，在它们开始破坏你的生活之前你是不会注意它们的。光是造一个更好的老鼠夹子，也就是建一个很棒的案例库，是不能让顾客盈门的。家里没有老鼠的人不会对此感兴趣，除非它们各自企业的“老鼠”开始现身。但你又不能提前提着“老鼠夹子”去拜访客户，这有点儿像医生带着药物去拜访自以为健康的人，招人忌讳。另外，麦肯锡的企业文化让他们认为，像麦肯锡这样高大上的公司，如果也像其他公司一样，通过打广告或者上门推销、电话推销之类的手段招揽生意，会让人觉得有失身份。

麦肯锡认为，你只需要做你的事情，并且让人们知道你在干什么，在别人需要的时候知道怎么找到你就行。所以，麦肯锡不做推销，只做营销。他们的策略也非常简单，就是公司会源源不断地发表一些著作和文章，如你所知，每一篇都是重磅的，且每一篇都出自他们的案例库。此外，麦肯锡还出版自己的季刊，纯学术的《麦肯锡季刊》，免费寄给自己的客户以及公司过去的咨询人员。值得一提的是，这些咨询人员离开麦肯锡公司后，大多都会在一些潜在客户那里占据高级职位，这是一个非常庞大的非正式接触的关系网。为了维护这个关系网，麦肯锡会组织很多“业余”活动，包括慈善、公益、峰会、演讲、沙龙、小聚等，把更多的人网罗到自己的网上，即使还不是正式合伙人，也可以保持某种程度的思路共享，也就是知本共享。

其实很多的全球著名智库都存在这样的知识库，比如蓝德智库，只不过麦肯锡的案例库最为出名，所以被推崇为一种全球知本管理模式，这反过来又加深了人们对它的认可。

而谷歌，它走的是另一条路，它不是分析、整理现有的知本，而是更热衷于做一个知本创新者。通过多年有意识的培育，它已经形成了一个创新生态。

有媒体报道，谷歌马上就要重返中国，而在它重返之前，其 AI 技术已先一步在中国各大城市进行了一番巡演。其实谷歌并不是人们想象中的那种单一的技术公司，它对人类生活所涵盖、辐射的几百个领域，特别是那些最基本、最本质的需求，都有相应的科技布局。比如永生计划，就是研究人类的永生问题，谷歌已经为这个项目投入了 10 亿美元，主题就是如何防范衰老。谷歌的逻辑是，如果人不再衰老，岂不就可以长生不老？退一步讲，就算是能够延缓衰老，也是功莫大焉。有的人可能会说，大家都延缓衰老，只会让这个社会老龄化更严重，到时候全是老人，怎么办？其实不必担心，一者老龄化社会固然是个问题，但它本质恰恰是人类的成功；二者诸如谷歌这类的科技公司一直在发展人工智能等技术，将来会有无数的机器人进入人类生活并提供服务，代替孩子承担起照看老人的义务。

以此类推，谷歌在全球做了很多科技布局，进行了各种各样的知本创新。其中有个细节，就是它把所有员工的时间根据二八定律进行了分化，即员工可以利用 80% 的时间做公司安排的本职工作，另外 20% 的时间自己支配，做自己真正愿意做的事情。你可以自己做，但最好是与团队成员合作，比如成立一个三人小组，提出一个项目，旨在解决人类的一些根本问题。公司通过审核后会提供资金，双方约定好一个时间，譬如两年之后，这个项目做出了名堂，就算内部创业，股份自不必提，重要的是它可以进一步进入谷歌内部的孵化器，把它孵化成一个企业。你可以当法人，但你必须是谷歌系的老板，你的企业必须是谷歌系的企业。如果两年做不成，也没关系，直接把项目砍掉。如果在此过程中你形成了一些专利、知本等，可以在谷歌内部进行分享，至少也能让有同样想法的人知道此路不通，当然也有可能令人豁然开朗，打开你在关键环节由于各种因素无法打开的链条。

由上可见，麦肯锡更多的是以知本促资本，而谷歌更多的是以资本促知本，各有各的特色，各有各的优势，都非常符合它们自己的情况，而我们更应该做的是将两种模式结合，既抓资本，更重知本，建立自己的案例库，也建立自己的孵化器，最终建立一个横跨科技与社会、结合知本与资本的管理咨询系统。

臭鼬工厂模式

传统的研发是投入巨资，寄希望于某个关键人物，希望他时刻英明神武、灵光一现再现，这容易导致个人英雄主义和官僚主义等弊病的产生。臭鼬工厂开辟了新模式，很多互联网企业的创新就师从臭鼬工厂模式，其特点是资金适度、成员精良、自由民主、不断试错、反复迭代。

臭鼬工厂模式，也是全球瞩目的、重新定义了人们对管理与创新的认知的先锋模式。“臭鼬工厂”是一个绰号，它其实是洛克希德·马丁（以下简称“洛·马”）公司的高级开发项目。喜欢军事的朋友都知道，洛·马是美国的大军火商，在全球也是数一数二的。很多大众熟悉的飞行器，如F22、F35、SR71、U2等，都出自洛·马；此外如飞碟、外星人、51区，据说也都与洛·马有关。换句话说，众说纷纭的飞碟等，可能只是洛·马研制测试的新技术、新产品。

洛·马创办得很早，其前身最早可追溯至创办于1912年的洛克希德公司。但洛克希德公司只坚持了十多年就倒闭了。后来又赶上大萧条，好不容易才被卖出去并重新焕发生机。直到1943年天才的洛·马总工程师约翰逊上任，才使得它开始真正意义上的腾飞。当年，33岁的约翰逊，挑选了23个最好的设计师和30个机械工程师，在一个有恶臭的塑料工厂旁边建立了一个工作室，就是臭鼬工作室，算得上以臭得名。发展至今，它的员工已达4500余人，约占整个洛·马人数的三分之一。

要问约翰逊都做了些什么，其实很简单，那就是确保自由，让每一个科研工作者有最大的自由，最大限度地脱离事务性工作。沉重的会议文件和规章制度会捆住天才的手脚，而臭鼬工厂模式说白了就是天高皇帝远，工作自由，管理自治，没有官僚主义和条条框框。他们曾经创造过一项记录：143天完成一架实战型战斗机（XP–80）。这就是自由的力量。

因为自由，臭鼬工厂可以随心所欲地创新，大到整个工厂组织结构，小到某个产品技术。事实上，它们这种组织形式也是创新，因为人少，所以船小好掉头，可以随时修改创意、反复迭代，但它们没有传统小组织遇到的资源不足的困窘，因为整个洛·马是他们的靠山，要什么资源直接调取就可以，想要什么人力支持公司也大力支持，但重点是，人不能多，只要最优秀的。它是一个独立的部门，可以自主决策，不需要向上级汇报，上级也很少对他们的决定说不，并且能够欣然接受失败。洛·马对臭鼬工厂负责人的唯一要求就是，不要让创新基因在他的手上僵死，臭鼬工厂的所有成员都是监督员，领导者不可能肆意妄为或独断专行。

当年，约翰逊为臭鼬工厂制定了14条军规，并一直沿用至今，这里列示如下，供大家参考：

（1）项目经理要有项目的全部管理权，他要向部门总管或者以上级别的领导负责（也就是说，项目经理必须有足够的权限，以便快速做出决定，不论是技术方面、财务方面、时间周期方面还是管理方面）。

（2）军方和承包商都需要准备好有足够权利的项目团队（为了配合臭鼬工厂，客户方面的项目团队也要有极高的自治权，能够最大限度地自己做主）。

（3）与项目有关的人员总数要严格控制，使用少而优秀的人（与传统组织相比，只要 10%—25% 的人；人多了，势必产生官僚主义，会带来许多不必要的麻烦）。

（4）必须提供一个简单的图纸设计和发布的机制，并且能够灵活地通过它修改设计（这样能给工厂加工预留提前量，如果存在技术风险，也可以预先准备，尽量减少损失）。

（5）报告越少越好，但重要节点和工作必须从始至终记录（负责任的管理并不意味着繁多的文档报告）。

（6）每月都要做已花费成本计算和整个项目的成本估算，不要突然给客户项目远超预算的惊喜（负责任的管理本身就包括在有限的资源内运作）。

（7）认真筛选分包商，招标来的往往比军方指定的好（在有限的资源内充分寻找和利用最好的合作伙伴）。

（8）将基础的检验交给分包商做，不要重复检验（质量来自设计和负责任的操作，而不是来自检验）。

（9）供应商必须负责它所供应的产品在项目各个阶段的测试工作，直至试飞（如果有新的技术，随之而来的风险必须合理转移安置）。

（10）硬件的技术指标一定要在签合同前明确（标准指标会抑制新技术和创新，而且它们通常已经过时）。

（11）资助一个项目必须持续进行，这样供应商就不需要反复跑银行（负责任的管理，包括对先前承诺的资源的自由支配）。

（12）军事项目公司和供应商必须相互信任（客户和生产商的目标应该统一为把工作完美完成）。

（13）必须严格控制外部接触项目的人，需要设定相应的安全权限（即使没有项目，也要坚持这么做）。

（14）由于参与项目的工程师和其他成员人数较少，支付奖金和薪水要按绩效而非人员数量（有能力者必须多拿，杰出人员必须奖励）。

其实，臭鼬工厂模式还有许多变式和细节，在具体应用中还会与其他模式相结合，比如我们前面提到过，臭鼬工厂现在已经有 4500 余人，这肯定不是“少而优秀的人”，人多了势必会产生种种官僚主义以及流程。但美国人擅长组织超脑工程，也就是协调 1000 个、10000 个全球最聪明的大脑一起工作，让每个高手都施展拳脚，让每份资源都物尽其用。

需要说明的是，臭鼬工厂并非唯一，成功的团队都有类似的组织，比如洛·马的主要对手波音，其麾下也有类似臭鼬工厂模式的“鬼怪工作部”。这样的模式其实在 20 世纪 50 年代就开始在美国大企业中流行，这里就不一一展开了。总之，类似臭鼬工厂这样的组织，重要的不在于它采用什么样的模式，更不是一味照抄其模式，而是看它能不能激发先验与知本，进行切合自身的创新研究工作。

观念领先战略

我们的行为，取决于我们的观念。我们说一个人落后，是说他的观念落后；我们说一个人过时，是说他的观念过时。而我们向成功的人学习，主要也是学习他的好观念。俗话说得好，给人观念是上策，给人能力是中策，给人金钱则是下策。观念领先，行遍天下。

什么叫观念领先战略呢？简单来说，它属于战略层面，比如通常情况下，企业是使用产品领先战略，也就是我的产品最优质，那我就不愁企业的未来，不愁消费者不问津，很多科技公司走的都是这条路，比如苹果手机、美国芯片等。产品好，价钱和客户都不是问题。此外还有其他战略，比如营销领先战略，在营销为王的时代，没有什么比卖出产品收回钱更好的事情。而观念领先战略，并不执迷于产品与营销，而是在一个更高远的地方寻找路径。这个更高远的地方，就是我们的大脑。

举例来说，可口可乐其实没有什么创造，至少在促进人类进步方面没什么太大的价值，它就是甜糖水，尽管配方保密，但也不是不可复制，在美国就不止它一家，还有百事可乐；中国也有非常可乐、崂山可乐；韩国、伊朗等国家也都有相应的可乐品牌，都是碳酸饮料，不算高科技。但可口可乐不一样，它的诞生与发展，缔造了一个观念，深植于美国人的意识深处，即喝可乐是美国人的生活方式之一，它代表的是一种美国人的生活方式。同样是碳酸饮料，但美国人能从中喝出自由的味道，能喝出美国精神，能喝出时尚。它就是个魔法饮料，你能悟到什么，你就能喝出什么。你什么都喝不出来也没关系，只要不断地喝、不断地为可口可乐公司创造效益就行。

类似的例子其实还有很多，而且很多都与美国有关，比如麦当劳、肯德基其产品非但不好，还被称为垃圾食品，但坐在里面，居然有人体会出了平等：桌子一样、椅子一样、排队点餐……没有特例。客观地说，这类快餐企业还是为社会的进步作出了贡献。比如，就算你不点餐，只是在里面休息一下，用一下卫生间也是可以的，而且完全不必说谢谢。

全球著名品牌中，美国占的比重特别大，中国不能说一个没有，但寥寥无几。品牌，实际上都是在输出一个概念、一种观念，它其实是概念、观念与产品的结合体，有时候还会结合创新的技术。本质上，这是观念先行导致的。美国人在生产产品的时候，想到的并不完全是卖产品挣钱那么简单，他们总是习惯性地把自己的产品与人们的观念结合起来：思考这个产品能不能改变人类的生活，是否符合人的价值观，等等。这是一个久远的共识，几乎伴随着美国的整个崛起过程。而我国的企业家就不一样，他们想得更简单：怎么赚钱快？所以你看到的都是些低竞争力的产品，他们共同催生了一个产能过剩的时代，自己把自己逼到了被迫转型的路上。

阿里巴巴是国内观念比较领先的公司。

马云的作为，其实更像美特斯邦威的广告语——不走寻常路。如果他走寻常路，中国可能会有两个新东方。他是学英语的，却一头扎进了互联网。不像刘强东，虽然学的是社会学，但自学编程，也成了技术大咖。马云是真不懂，但他初识互联网，就有了一个非常超前、领先的观念：这是个好东西，我能不能把它嫁接到商业上，让人们在网上卖东西买东西呢？有了这个观念，剩下的只是找到相应的人、调取相应的资源，让人与人协同，资源与资源匹配罢了。而没有这个观念，就只能跟在别人后面跑，吃些残羹剩饭还算好的，很多创业者只能吃灰吃土、吃瘪吃亏。

譬如，当年淘宝的系统，现在随便抓几个程序员就能做出来，但做出来有什么用呢？现在已经是网商遍地，不缺你那一个网站。天猫、淘宝你竞争不过，京东、苏宁你竞争不过，还有铺天盖地的微商、Q商、云商，没有人会给你投资，因为你缺乏赚钱的逻辑，让人看不到赚钱的希望。这里的逻辑和希望，就是观念，就是我们前面提到的知本和先验。

当年马云说过一句话，他说我拿着望远镜也找不到对手，这不是吹牛，而是客观事实，也是典型的观念领先。当时很多人把他当疯子或骗子看待，因为他相当于三无人员：没有技术，没有用户，也没有对手。只有具备先验的人能看出来，马云和他的电子商务走在一条叫作未来的大道上。比尔·盖茨当时说过一句话：未来要么电子商务，要么无商可务，这就叫“智者见智”。

观念领先一步，行动就能领先很多步。马云卖的是什么？是观念。他的商城开在网上，不用买地皮，不用交房租，不用防火灾，只要服务器够用，10个人开户和10亿人开户没区别。说到底，马云就卖一句话：让天下没有难做的生意。就冲着这句话，很多人做起了网商。至于网上的生意是否好做，那是后话。

为什么互联网金融刚问世时，中国一下子冒出数千家P2P公司？因为它是新观念，确实方便，也确实有金矿可挖、可淘。为什么众筹出来后，几乎无处不众筹？因为它是新观念，至少貌似可以拯救那些资金短缺而又融资无门的企业。类似地，团购、发红包、股权激励等都属于新观念，改变着我们的生活，技术只是辅助。

开一个小公司，创业者至少要想好做什么项目，从事什么领域；做一个大企业，则一定要有自己的事业理论。这是最基本的认知。很多企业是存在认知障碍的。比如腾讯，在 3Q 大战前，它讲“花瓣策略”，也就是把企业看作一株花，花茎上长出很多花瓣，每个花瓣都能干掉竞争对手。这种观念，使得腾讯在每个领域都不得不与当时各个领域最先进的认知交锋，前行非常困难。3Q 大战后，腾讯的策略改为制造生态链，不再执迷于自己练武，而是通过收购或投资，和各个领域的高手并肩战斗，结果很轻松地就做到了十八般武艺样样精通，并且还借此和很多竞争对手化敌为友，实现合作共赢。

观念领先，对投资者尤其重要，在烧钱、砸钱之前，你必须能预感到未来的样子，比如未来 3 年什么样？未来 5 年什么样？下一个最牛的中国互联网企业的主业是什么？再比如手机，大家都知道，我们的触摸屏是从键盘发展来的，往前回溯不难，难的是往后看，下一代操作系统是什么样子的？是声频吗？没有这些基本的观念，没有事业理论，人，尤其是高端人才很难聚起来；即便勉强聚起来，也不过是给大家发一段时间的薪水，浪费彼此的时间，迟早还是会散伙。

硅谷知本思维

很多民营企业都是靠过去抓住机遇努力拼搏而成功的，所以遇到一些问题就会停止或者倒退；而硅谷经常诞生伟大企业的原因是企业的设计，从开始就有了组织架构与资本的助力。“硅谷”是“创新”的代名词，那些诞生于硅谷的世界级公司，最初也只是“雨林战略”中的杂草。雨林——一个原生态的、充满了未知与奇迹的所在，任何生命形态都能以人们不可预测的方式出现。而“雨林战略”的精髓，说白了就是不要去控制它们，让所有想法自然成长。

当你想到硅谷时，你首先想到的是什么？我想到的是一个笑话：话说20世纪末，一个在北京工作的青年回到家乡，说自己在中关村工作，村民马上回问：“中关村？比咱们村如何？”当时的中关村，在中国已声名显赫，是公认的“中国的硅谷”。恰如笑话中的普通农村的村庄不能与中关村相比，如今的中关村创业大街依然不能与硅谷相比，两者相差的，主要就是知本。有才智的人通过创造知识产权，就能够和资本对话，对于知识产权的尊重，成为硅谷崛起的土壤。

我们知道，硅谷的核心是大学经济体，简单来说就是硅谷发端于斯坦福大学，并与圣塔克拉拉大学、圣何塞州立大学、卡内基梅隆大学等连成一气。中关村大街上固然也是名校林立，包括清华大学、北京大学、中国人民大学、北京理工大学、北京外国语大学、中央民族大学等全国性重点大学，但硅谷贡献了无数的世界级人才，成就了数不清的著名品牌，比如，苹果、谷歌、脸书等，而中关村虽有无数高校在旁，但创新基因目前还不能与硅谷比。

“硅谷”是什么？“硅谷”是“创新”的代名词。而“中关村”呢？它的全称是“中关村创业大街”。创新跟创业完全是两码事，卖冰棒也可以算创业，但跟创新离得太远；而“硅谷”的“硅”字，主要就是因为当时当地的企业多数致力于打造与由高纯度的硅制造的半导体及电脑相关的产业，是真正的高科技王国。

几十年来，硅谷走出了大批科技富翁。如今他们既是企业家，又是资本家，还是知本家。归根结底，他们是知本家。硅谷的崛起，实质上就是知本家的崛起。他们当中的很多人，都是早在上学时代就开始创业。这是教育改革的产物，也就是说，学生办公司是合法的，也是合适的，是受到鼓励的。仅从这一点，我们就还差得远。我们的思路永远是，上学还是先把学上好。这没什么不对，但总觉得死板、僵化了些。而死板与僵化，恰是创业与创新的头等大敌。

硅谷总共有几十万名高技术人员，他们分散于数千家中小科技企业中，与苹果、谷歌等大公司共处而不显得违和，因为这些大公司当初在硅谷也是一株杂草，只是它后来长成了参天大树而已。那么，到底是什么因素让“杂草”长成了参天大树呢？这就是硅谷精神，是硅谷的“雨林战略”。

雨林是相对农业而言的，它讲究原生态，非人工。在雨林里，什么东西会长出来完全不可预测，但总会有新的物种冒出来；而在农田，只有一种东西被允许长出来，那就是庄稼，地里的杂草就算长出来也得拔掉。简单来说，他们要人为地控制农田，一定程度上也确实可以控制。但雨林不可控制，也不可复制。人们说，植树造林，但仅仅是多种植一些树，创造不了森林，森林里不只有树，还有杂草、灌木、菌类、动物，甚至一些我们不了解的生命体。

那么，在雨林里，如何设计一个生态系统来鼓励杂草的成长呢？雨林是一个具有独特品质的环境。你必须“控制”一些要素，譬如阳光、温度、空气、土壤中的营养素等。这些都有可能催生新的动植物物种。但仅种植一些树木，创造不了雨林，也复制不了雨林。当然，如果森林没有树，也就失去了主要因素，所以有树是前提。只要有了树，森林也好，雨林也罢，就有了前途，任何生命形态都能以不可预测的方式出现。

举例来说，苹果手机相当于产生于硅谷的“雨林”里，在它问世之前，没有谁会知道，没有谁会想到，因为“雨林”里本身也不存在这种企业，就连苹果的设计师也全然不知道最后的成品会是什么样。

简单说来，雨林战略就是不要控制，让所有想法自然而然地生长。这是硅谷的思维方式。而我们学习硅谷的知本家们，首先就要有这种思维方式。没有这种思维方式，也就解决不了创新的问题。

具体从哪里入手呢？以下是斯坦福大学的师生们总结出的“雨林战略”七大法则：

法则一：打破规则，追逐梦想。

在农田里，最先被铲除掉的是那些最高的杂草，因为它们太显眼。对应到社会上，就是那些追逐梦想、拥有抱负、努力奋斗或者特立独行的人。“雨林战略”强调，让他们茁壮成长，并允许打破旧规则。

法则二：敞开大门，倾听他人。

巴菲特沿街售卖可乐时，谁能想象到他将来是亿万富翁？奥巴马混社会时，没有人会相信他将来能成为美国总统，并且还能连任。乔布斯也曾经是“杂草”，大学没读完，体味很大，还有点神经兮兮。如果不是在硅谷这种地方，想想看，有人愿意搭理他们吗？因此说，“雨林战略”中的雨林是开放的，是没有边界的。

法则三：相信相信的力量。

如前所述，目前中国信任成本极高。世界上大部分地区要赢得信任也没那么容易，但在硅谷是个特例，在很短时间内，别人就能相信你正在做一件正确且伟大的事。也许你们今天还是陌生人，只是喝了一杯咖啡，聊了一个小时，明天就可能展开合作了，各出各的资源，开办了合伙公司，这在硅谷非常正常。

法则四：寻求公平，而非利益最大化。

世界上大部分地区的投资人总是固守“资本为王”的定律，总希望用最少的钱获得最多的股份。但在美国不是，这是天使投资诞生地。在硅谷更是如此，因为这里的投资人与创业者都谙熟“雨林战略”，它要求人们要努力做到公平交易，而不是占对方便宜。因为，如果有人感觉到自己受到了不公正待遇，那么他与合作伙伴的关系马上就会破裂，公司也会土崩瓦解，一切都没了可能。

法则五：与他人共同尝试，并不断重复。

在不能预测结果如何时，要大胆尝试，勇敢试错，快速迭代。创新本就是一个不断尝试、失败、改正错误和进步的过程，但你不能固执已见，因为人人都会犯错，但你没必要犯别人已犯过的错。

法则六：犯错，失败，坚持。

所有伟大的企业都是在不断犯错的过程中成长起来的，那些能够活下来的公司，其实都堪称奇迹。错误和失败在所难免，但有时就算是毁灭性打击，也不一定意味着这家企业就会倒闭。“雨林战略”告诉我们，在雨林中不存在真正的失败，即使你出身杂草，只需像从前那样学习、忍耐和坚持就行。

法则七：帮助别人，不求回报。

“雨林战略”的最基本规则是让爱传出去，而且不求回报。世界上绝大部分地区的商人都是唯利是图，任何事情都可以量化为金钱，或者你帮我一个忙，我就帮你一个忙。但在硅谷，很多人愿意主动去帮助别人，因为他们相信，某一天别人也会主动帮助自己。他们不过是把自己希望的主动做到了而已。善良是资本，也是知本，并且是最大、最永恒的知本。

企业加速器模式

企业孵化器与企业加速器并不矛盾，一定程度上说，企业加速器只是企业孵化器的升级版本，是知识经济时代的现实要求。企业孵化器与企业加速器也不存在显著区别，二者可以合二为一，也可以一分为二，它不是一个硬币的两面，而是硬币本身——资本的必然动作。

前面我们提到过企业孵化器，它其实是一种很普遍的模式。世界上第一家孵化器在 1959 年诞生于美国，名为贝特维亚工业中心，迄今它已走过 60 多年的历程。中国第一家企业孵化器为武汉东湖创业中心，自 1987 年落地以来，已有 30 余年的历史。它们有一个共同特点，就是以服务科技型中小企业创业为主，就像把鸡蛋孵化成小鸡，能一批批地把企业“孵”出来。因为它专业，配套齐全，并且有各种政策的扶持。就我国而言，这些年来，至少已有数万家企业被“孵化”出来。

受企业孵化器模式的启发，提出并实践企业加速器模式，主要针对那些度过了初创期、具有独创性的科技型中小企业。同样地，这种模式最早也是问世于美国，自 1999 年提出以来，现已遍布法国、英国、加拿大、澳大利亚、墨西哥等国。中国第一个企业加速器是 2007 年启动的中关村科技园区永丰产业基地。它起步虽晚，但成效有目共睹。以永丰产业基地为例，仅 2008

年，该基地就吸引了130余家企业入驻，当年入驻企业实现工业总产值数十亿元。

很显然，企业孵化器与企业加速器并不矛盾，一定程度上说，企业加速器是企业孵化器的升级版本，是知识经济时代的现实要求。企业孵化器与企业加速器也不存在显著区别，二者可以合二为一，也可以一分为二，它不是一个硬币的两面，而是硬币本身——资本的必然动作。例如，对内，谷歌鼓励创新，一旦有了眉目，就送入内部孵化器。外部创业公司如果有价值，可不可以进入谷歌的孵化器呢？求之不得。但对外谷歌主要还是采用加速器模式，一来更灵活；二来谷歌承担的风险较小，因为通常能进入加速器的企业都度过了初创阶段的死亡谷；三来有利于促进谷歌的全球生态。

事实上，谷歌的野心非常大，它一直在全球范围开展加速器业务，也一直希望能通过自己的加速器在新兴市场复制下一个硅谷。目前，其业务网络已分布全球40多个国家，合作的初创公司多达万家。尽管仍不足以与硅谷相媲美，但也有其明显的优势，那就是随时与全球不同阶段、不同性质的初创企业发生联动，同时像漏斗一样，协助谷歌“筛掉”不好的项目与思路，滤出好的企业、项目与思路，再把它们纳入麾下。换句话说，企业加速器是那些初创型企业的加速器，也是谷歌自己的加速器。或者说，它是谷歌的一个杠杆，谷歌靠它在新兴领域整合相关资源，进行完整而全面的战略布局，并随时微调，不断迭代。

就近年炙手可热的人工智能领域的布局而言，谷歌专门在自己的加速器下建立了分部，有针对性地接受并扶持那些在研发人工智能技术、开发人工智能类别方面有成长性的初创企业，从前端到中端再到后端，通过这些创新组织，谷歌与当今世界上最前沿的科技团队产生了紧密联系，抢占先机，完成了它在人工智能领域的战略布局。同样的道理，如果有一天谷歌突然推出了一个其他科技领域的创新产品，你也没必要感到奇怪，因为它的加速器与孵化器非常强大，把触角几乎伸向了全世界各领域。

一度让马化腾登上中国首富宝座的腾讯，近些年突飞猛进的原因也在于此。如前所述，腾讯之前的商业模式并不恰当，因此在 2011 年前后，腾讯开始反思，从打造封闭模式到着手构建开放平台，腾讯走上了打造有自身特色的企业加速器之路。如开办的“青腾创业营”，短短两年时间，就聚集了 188 家学员单位，其中有 73 家公司市值超过了 10 亿元，总市值超 3000 亿元，有 12 家上市公司。再比如腾讯成立的“互联网共赢产业基金”，这是中国互联网公司规模最大的产业基金，初始规模为 100 亿元。借助这只手，腾讯一方面可以触摸创新企业，完成更深、更广的产业布局，占据源头；另一方面可以牵手更多产业基金，与众多同行者共同打造生态，合投项目。此外，腾讯还与长江商学院合作，创办了青腾大学，从教育入手，通过培训的方式，进一步完善腾讯的创新、创业体系，形成了全连接式的产业架构。

当下，包括腾讯与谷歌在内，实际上很多国际知名的大企业早已经不再是人们传统思想中的单一市场的代表企业，而是有着无穷想象边界的超大型组织，比如微软、亚马逊、阿里等。可以说，物联网能延伸到什么领域，它们就能渗透进什么领域。借助企业加速器，它们能最先触摸到未来的存在。我们未来的生活会变成什么样子，一定程度上就在它们的实验室与工厂里孵化着。

加速器模式能够集群发展，构建一个产学融和时机有效结合的生态集群模式，这里面的人可以大大降低试错成本，这才是一个新模式的魅力所在。

生态平台模式

以往，建美食街、修电子城、辟工业园等业态模式因资源集中，形成产业集聚效应的例子不胜枚举。但实践证明，在突破了时间与空间局限性的互联网时代，原有产业集聚效应瞬间变小。看看阿里，从最初的B2B平台到淘宝、天猫，再到支付宝、余额宝、娱乐宝……根本停不下来。原因在于阿里要致力于构建一个更高效的商业生态圈，一旦形成了生态圈，整个商业圈就能不依托外力，或者说不那么依赖外力以实现自我生存与发展了。

此节我们依然以国内最具代表性的企业阿里为例，为大家阐释其生态平台战略。

关于阿里的故事很多，值得一说的是关于阿里收购优酷土豆的一个段子。大意是说，马云经常看优酷土豆视频，但他嫌广告太多太烦，就让助理帮忙买一下，助理马上照办。他原本是想买个年费会员，或者是买几个月的会员，结果助理直接把优酷土豆收购了。这虽然只是一个段子，不过它折射出一个事实：这些年，阿里就像它培养的那些“剁手党”一样，也一直在买买买。

阿里旗下到底有多少家公司?

事实上数据一直在更新，下面所列只能基本涵盖大部分阿里的公司。其中有些公司是阿里原创的，有些是全资收购的，有些是战略投资的，有些只占少部分股权，林林总总，并不时变化。总的来说，包括以下 10 个方面。

一是大电商领域，分商城和物流。商城包括淘宝、天猫、聚划算、一淘、1688 等，物流企业包括菜鸟物流、蜂鸟配送、圆通快递、百世汇通等。

二是金融领域，分支极多，产品也众多。具体而言，在支付方面阿里有淘宝，还有 Paytm；信贷方面有蚂蚁花呗、蚂蚁借呗、网商贷、趣店、易分期等；理财方面有蚂蚁财富、余额宝、天弘基金、数米基金、天津金融资产交易所、网金社等；保险方面有众安保险、国泰产险；众筹有蚂蚁达客；银行有网商银行、邮储银行和浙商银行；征信方面有芝麻信用和芝麻企业征信；投资领域有阿里资本和云锋基金；还有不太好归类的恒生电子、V–key 等。

三是社交方面，包括陌陌、新浪微博、阿里旺旺、钉钉等。

四是流量分发领域，包括神马搜索、UC 头条、大鱼号、第一财经、浙报传媒、南华早报、虎嗅、21 世纪传媒、UC 浏览器、豌豆荚、九游、PP 助手等。

五是教育领域，包括淘宝教育、湖畔大学、超级课程表等。

六是医疗领域，包括阿里健康、天猫医药馆、中信 21 世纪、未来医院、寻医问药网、华康移动医疗、U医U药等。

七是娱乐方面，这又是一个大家庭。其中，视频方面有优酷土豆、芒果 TV、优酷投资、淘票票、大麦网、阿里影业、合一影业、光线传媒、华谊兄弟、华数传媒、博纳影业、大地影院、芭乐传媒、新片场、文化中国、向上影业等；音乐方面有阿里音乐、虾米音乐、天天动听、S M娱乐（韩）；文学方面有 UC 书城、书旗小说；游戏方面有阿里游戏；体育方面有阿里体育。

八是 O2O 层面，依然阵容庞大。地图方面有高德地图和易图通；团购方面有丁丁网、口碑网；出行方面有滴滴出行、快的打车、神州专车；旅游方面有飞猪、穷游、在路上、酷飞在线；外卖有淘宝外卖和饿了么；商场有喵街、银泰商业集团、雅座、点我吧等。

九是软硬件方面，包括钱盾、天猫魔盒、天猫精灵、魅族、锤子科技、微鲸科技、斑马智行、淘 Wi-Fi、树熊 Wi-Fi、迈外迪、魔漫相机、墨迹天气、YunOS（操作系统）等。

十是企业服务方面，包括阿里云、酷盘、阿里邮箱企业版、阿里妈妈、友盟等。

看完上面这些，你还会觉得阿里喊出“将来要成为世界第五大经济体”是吹牛吗？且不说将来阿里还会培养、并购、投资更多的企业、平台与项目，单是上述这些企业，相互之间所能产生的“化学反应”的能量就已经超出了普通人的想象。

事实上，阿里不是空喊，而是构建了依托整个生态系统的“NASA 计划”，目标就是在下一个时代做全球第五大经济体。我们知道，单纯靠卖鞋子、衣服肯定做不到这一点，那样堆出来的 GDP 很有限，所以阿里“NASA 计划”的核心，是动员全球 2 万多名科学家和工程师投身新技术战略，面向未来 20 年组建强大的独立研发部门，建立新的体制机制，为服务 20 亿人的新经济体储备核心科技。阿里的计划看上去虽然庞大，但也未必不能实现。当年，马云创立淘宝时，又有谁看好呢？

其实，腾讯与百度，也都在执行着自己的生态战略。它们是阿里的竞争对手，同时也是合作伙伴。很多企业，都是既有阿里的股权，又有腾讯与百度的战略投资，比如蜂鸟配送、饿了么、众安保险等。这不是什么坏事，而是我们乐见的生态之外的更大的和谐生态。事实上，很多企业或许暂时能力有限，但每一个有追求的企业家都懂得且乐于建立属于自己的生态体系。有的企业可能还无法建立整个体系，但至少可以构建一条产业链，或者从最初的一个点发展到现在的某个面也挺好。建立生态体系，也讲究原生态，要一步一个脚印，步子不能迈得太大，以免摔跤。

改革开放40年来，中国人经历了无数的艰难险阻，开始探索属于自己的可持续发展模式：从一个学习者和跟随者，转变为一个创新者。其实，每一个幸运儿都是时代的幸运儿。我们在当下创立的企业，不能够按照改革开放初期的规则去做一些初级的事情。我们要做的，就是在看到各种资源要素的基础上，将新的要素连接起来，进行更多的创新。

人都是需要归属感的，需要建立一种单纯信任的环境，在做事业的时候，不再单打独斗，而是在一个生态体系中找到属于自己的位置。这样的行为能够让人规避掉一些创业初期的风险，及时找到事业的方向，并且决定和谁实现系统连接。

每个人都需要快速补齐自己的短板，和知本教练结成一个共同体，并且在集群中随时准备好裂变。

后　记

2020年，当我重返工作，同事见面，彼此祝福。同事问我过去一年的感悟，我说，一切都好，只是见到母亲苍老很多，感觉自己陪伴老人的时间还是少了。面对事业和工作，确实很难平衡。时间很紧，只能夜晚写稿改稿，也是想尽快让这经历10年想法、7年验证、再用3年实践的书稿尽快面世推进原因吧！

回顾过去一段时光，每一个事业的发展过程，均是曲折迂回的。2018年，由于人们对资本市场的恐慌，出现了大量的资产质押爆仓，出现了企业融资困境，彼此见面，都说悲观的话，似乎看不到光亮了。

但就在2019年新年春节之后，资本市场出现了一个好的迹象。很多经营困难的企业，在市值增长的过程中，解决了很多困难时期不能解决的问题。年前还预亏几十亿元的企业，饿死几万头猪上头条的企业，居然不无例外地出现在市值大幅提升的大屏幕上。企业没有解决不了的困难，关键在于在困难时期我们如何管控自己的心智。

首先要感谢家人，能够让自己在工作之余，适时靠岸修整。然后要感谢一起协作的伙伴朋友，每一次协作中都有一份信任。信任比黄金更可贵。

对于写这本书的想法，已经准备了很多年。人生总有一些愿望，需要实现。年轻的时候，由于很多事情需亲力亲为，也就学会了独立，什么事情能尽量不求人就不求人，能够自己解决就自己解决。然而，岁数大一点才明白，独立是一种精神，而不是一种行为。协作和协同才是这个社会运作的本质。

经历2013年的那次雅安赈灾，经历生死，我体悟到人生的真正意义。人生的本质意义不是为了证明自己赚了多少钱，而是在于发挥自己的正向影响力，给更多人带来好的人生。这才是幸福的人生。

2013年雅安地震的时候，我正处于经历人生起落的迷茫期，由于以前采访过汶川地震与东南亚海啸的义工，他们经历这些之后都发生了很大变化，也对人生事物观点不一样了。当时很好奇，于是在接到被推荐去雅安赈灾机会时，我立即答应。

进了山，到了雅安才理解很多人对赈灾义工的敬畏，当时是下午两三点钟，我们伙伴七人又冷又饿，还没有吃饭，好不容易找到一个农家餐厅，人家还打烊了。结果我去敲门，从里开了一道门缝，一个大姐问做什么，我说想买些吃的，实在是太饿了，附近又没有其他餐厅。她说已经关火了，实在没有办法，我说加钱可以吗？她还是不同意，因为经历地震还要互助帮扶，实在太累了。她多问了一句，你们从哪里来，这个时期做什么来了。我如实回答是从北京来这里做义工的。结果那个大姐露出灿烂的笑容说，你们是来帮我们的，快进来，姐免费给你们做吃的。此时一股暖流从后背一直涌向胸间，这个感觉太好了，我们是有价值的人。当时体验到，无论我们追求什么，其实都是为了开心快乐，但是其他的开心快乐都是短暂的，是一个阶段的，只有一种快乐是自然长久的，就是用你的价值帮别人获得了价值。对于此书的问世，这个经历就是起点，在那里的日子又经历泥石流和余震，才有更大的动力做现在的事情，也是这几年支撑自己走过每个关键环节的动力。

对于我们在一起，能够给别人带来什么好的影响，这是思考的起点。用行动去改变，比讲大话更重要。年轻人走过的路，都是在用青春和生命探索前程，路探到了，付出的代价也太大了。所以，我和团队都基于这样的一个场景，开始了新的事业，即企业知本思维方面的支持体系。一般创业者走上企业运营的道路，一条路上有八个岔口，很容易就走到错误的路径上。还好我们用验证过的经历、总结的方案协助企业或者个人，完成他们的登峰之旅。恰逢贸易战，经济低迷，顺便也为实体经济转型升级、个人创业就业等做出相应的职责贡献。企业模式升级，可让创业者少走一些弯路。同时致力于知本思维模型协作能力，无道德风险的人结成一个合伙人的平台，共创、共享、共赢。

成就他人同时顺便实现自己的夙愿，找到快乐和幸福的归宿。自己的需求，安身立命，仅此而已；为他人，活着才真正有底气。